KB093744

경북의 종가문화 38

백과사전의 산실,
예천 초간 권문해 종가

기획 | 경상북도 · 경북대학교 영남문화연구원
지은이 | 권경열
펴낸이 | 오정혜
펴낸곳 | 예문서원

편집 | 유미희
디자인 | 김세연
인쇄 및 제본 | 주) 상지사 P&B

초판 1쇄 | 2016년 5월 10일

주소 | 서울시 성북구 안암로 9길 13(안암동 4가) 4층
출판등록 | 1993년 1월 7일(제307-2010-51호)
전화 | 925-5914 / 팩스 | 929-2285
홈페이지 | http://www.yemoon.com
이메일 | yemoonsw@empas.com

ISBN 978-89-7646-352-4 04980
ISBN 978-89-7646-348-7 (전6권) 04980
ⓒ 경상북도 2016 Printed in Seoul, Korea

값 22,000원

백과사전의 산실,
예천 초간 권문해 종가

경북의 종가문화 연구진

연구책임자   정우락(경북대 국문학과)

공동연구원   황위주(경북대 한문학과)
                    조재모(경북대 건축학부)

종가선정위원장 황위주(경북대 한문학과)

종가선정위원   이수환(영남대 역사학과)
                    홍원식(계명대 철학윤리학과)
                    정명섭(경북대 건축학부)
                    배영동(안동대 민속학과)
                    이세동(경북대 중문학과)

종가연구팀   이상민(영남문화연구원 연구원)
                    김위경(영남문화연구원 연구원)
                    최은주(영남문화연구원 연구원)
                    이재현(영남문화연구원 연구원)
                    김대중(영남문화연구원 연구보조원)
                    전설련(영남문화연구원 연구보조원)

경상북도에서 『경북의 종가문화』 시리즈 발간사업을 시작한 이래, 그간 많은 분들의 노고에 힘입어 어느새 40권의 책자가 발간되었습니다. 본 사업은 더 늦기 전에 지역의 종가문화를 기록으로 남겨 후세에 전해야 한다는 절박함에서 시작되었습니다. 비로소 그 성과물이 하나하나 결실로 맺어져 지역을 대표하는 문화자산으로 자리 잡아가고 있어 300만 도민의 한 사람으로서 무척 보람되게 생각합니다.

올해는 경상북도 신청사가 안동·예천 지역으로 새로운 보금자리를 마련하여 이전한 역사적인 해입니다. 경북이 새롭게 도약하는 중요한 시기에 전통문화를 통해 우리의 정체성을 되짚어 보고, 앞으로 나아갈 방향을 모색해 보는 것은 매우 의미 있는 일이라고 생각합니다. 그 전통문화의 중심에는 종가宗家가 있습니다. 우리 도에는 240여 개소에 달하는 종가가 고유의 문화를 온전히 지켜오고 있어 우리나라 종가문화의 보고寶庫라고 해도 과언이 아닙니다.

하지만 최근 산업화와 종손·종부의 고령화 등으로 인해 종가문화는 급격히 훼손·소멸되고 있는 실정입니다. 이에 경상북도에서는 종가문화를 보존·활용하고 발전적으로 계승하기 위해 2009년부터 '종가문화 명품화 사업'을 추진해 오고 있습니다. 그간 체계적인 학술조사 및 연구를 통해 관련 인프라를 구축하고, 명품 브랜드화 하는 등 향후 발전 가능성을 모색하기 위해 노력하고 있습니다.

경북대학교 영남문화연구원을 통해 2010년부터 추진하고 있는 『경북의 종가문화』 시리즈 발간도 이러한 사업의 일환입니다. 도내 종가를 대상으로 현재까지 『경북의 종가문화』 시리즈 40권을 발간하였으며, 발간 이후 관계문중은 물론 일반인들로부터 큰 호응을 얻고 있습니다. 이들 시리즈는 종가의 입지조건과 형성과정, 역사, 종가의 의례 및 생활문화, 건축문화, 종손과 종부의 일상과 가풍의 전승 등을 토대로 하여 일반인들이 쉽고 재미있게 읽을 수 있는 교양서 형태의 책자 및 영상물(DVD)로 제작되었습니다. 내용면에 있어서도 철저한 현장조사를 바탕으로 관련분야 전문가들이 각기 집필함으로써 종가별 특징을 부각시키고자 노력하였습니다.

이러한 노력으로, 금년에는 「안동 고성이씨 종가」, 「안동 정재 류치명 종가」, 「구미 구암 김취문 종가」, 「성주 완석정 이언영 종가」, 「예천 초간 권문해 종가」, 「현풍 한훤당 김굉필 종가」 등 6곳의 종가를 대상으로 시리즈 6권을 발간하게 되었습니다. 비록 시간과 예산상의 제약으로 말미암아 몇몇 종가에 한정하여 진행하고 있으나, 앞으로 도내 100개 종가를 목표로 연차 추진해 나갈 계획입니다. 종가관련 자료의 기록화를 통해 종가문화 보존 및 활용을 위한 기초자료를 제공함은 물론, 일반인들에게 우리 전통문화의 소중함과 우수성을 알리는 데 크게 도움이 될 것으로 확

신합니다.

　현 정부에서는 문화정책 기조로서 '문화융성'을 표방하고 우리문화를 세계에 알리는 대표적 사례로서 종가문화에 주목하고 있으며, '창조경제'의 핵심 아이콘으로서 전통문화의 가치가 새롭게 조명되고 있습니다. 그 바탕에는 수백 년 동안 종가문화를 올곧이 지켜온 종문宗門의 숨은 저력이 있었음을 깊이 되새기고, 이러한 정신이 경북의 혼으로 승화되어 세계적인 정신문화로 발전해 나가길 진심으로 바라는 바입니다.

　앞으로 경상북도에서는 종가문화에 대한 지속적인 조사·연구 추진과 더불어, 종가의 보존관리 및 활용방안을 모색하는데 적극 노력해 나갈 것을 약속드립니다. 이를 통해 전통문화를 소중히 지켜 오신 종손·종부님들의 자긍심을 고취시키고, 나아가 종가문화를 한국의 대표적인 고품격 한류韓流 자원으로 정착시키기 위해 더욱 힘써 나갈 계획입니다.

　끝으로 이 사업을 위해 애쓰신 정우락 경북대학교 영남문화연구원장님과 여러 연구원 여러분, 그리고 집필자 분들의 노고에 진심으로 감사드립니다. 아울러, 각별한 관심을 갖고 적극적으로 협조해 주신 종손·종부님께도 감사의 말씀을 드립니다.

2016년 3월 일
경상북도지사 김관용

　　근대화, 산업화시기를 거치면서 혹독하게 부정되었던 우리
의 것들이 언제부터인가 전통문화라는 이름으로 사람들의 관심
을 받고 있다. 곳간이 차면 예의를 차릴 줄 알게 된다는 말도 있
지만, 그보다는 무한 경쟁 사회에서 지친 심신을 치유하기 위해
옛사람들의 여유와 운치를 찾게 된 것이 가장 큰 이유일 것이다.

　　전통문화 중에서도 특히 많은 이들이 관심을 갖는 것은 종가
와 종가의 문화일 것이다. 평소에 쉽게 경험할 수 없는 고색창연
한 기왓집과 대대로 전해지는 각종 유물들, 신주를 모시는 사당,
유건과 도포를 차려입고 행하는 제례 의식, 손님을 맞이하는 범
절은 일반인들에게 묘한 신비감을 주기 때문이다.

그러나 일반인들이 무턱대고 찾아가서는 종가를 제대로 이
해하기 어려운 것이 현실이다. 대부분 종가 앞에 세워진 안내판
에 담긴 간단한 정보에 의존하여 겉으로 보이는 외관을 둘러보는
정도에 그치고 만다. 기대에 부풀어 어렵게 찾은 터라, 발길을 돌
릴 때면 실망도 커지게 마련이다. 그렇다고 하루에도 수십, 수백
인의 방문객을 종손, 종부가 일일이 정성스레 수응할 수도 없는
노릇이다.

　　근래에 종가문화연구팀에서 주관하고 있는 종가 소개책자
발간 사업은 그런 아쉬움을 달래 줄 수 있는 매우 의미 있는 작업
이다. 누구보다도 따스한 시선으로 종가의 내면을 들여다 본 글
들이기에, 사전에 자신이 찾고자 하는 종가와 종가 문화를 이해
하는 데 큰 도움이 될 것이다. 지금의 종손, 종부들이 전통적인
시대 문화를 직접 경험한 사실상 마지막 세대들이라는 것을 감안
하면, 전통문화의 보존적 의의 또한 크다고 할 수 있다.

　　필자도 우연한 기회에 집필 제안을 받고 이 뜻깊은 사업에
참여하게 되었다. 순전히 현 종손의 둘째 아들로서, 해당 종가에
서 나고 자랐다는 이유 때문이었다. 감당할 만한 필력도 없으면
서 순순히 제안을 받아들인 것도 역시 그런 이유 때문이었다. 내
조상, 내 부모, 내 집과 관련된 일이기 때문에, 누구보다도 수월
하게 할 수 있을 것으로 생각했다. 결과적으로 그것은 오판이었
다. 오히려 그런 조건이 집필에 방해가 되었다.

처음 집필 의도는 종가를 찾는 이들을 위한 길라잡이를 만들고자 하였다. 영남문화연구원 종가문화연구팀에서 제시한 집필 기준 또한 '알차면서도 재미있게' 라는 것이었다. 일단 전문 연구서에서 풍기는 무거운 내용보다는, 흥미를 잃지 않을 내용 위주로 서술하는 것으로 방향을 잡았다. 다른 종가에서 흔히 볼 수 있는 일반적인 내용은 가급적 제외하려고 하였다. 그러나 막상 집필을 하다 보니 어느새 전문적인 내용들이 늘어만 갔다. 자화자찬을 하는 듯하여 줄이고, 감추고 싶어서 뺀 내용도 없지 않았다. 자신의 집에 대한 내용을 집필할 때의 한계가 아닌가 싶다.

필력의 부족도 문제였다. 이야기를 들려주듯 편안하게 서술하고 싶었지만, 일상 소식을 전하는 신문 기사처럼 건조하게 되어 버렸다. 이를 보충하기 위해서는 사진을 가지고 보충하는 방법을 택할 수밖에 없었다. 장작불을 지피는 아궁이 사진, 싱그러운 토란 밭 너머로 보이는 사당, 안채에서 사랑채로 통하는 내부 계단 등, 종가를 찾았을 때 보고 놓치지 않아야 할 것들을 사진으로 담아 보았다.

편장의 구성을 여러 차례 바꾸는 어려움도 있었다. 고심 끝에 '부자, 우리 역사를 기록하다', '부자, 자신의 생활을 기록하다' 라는 제목으로 『대동운부군옥大東韻府群玉』과 『해동잡록』, 『초간일기』와 『죽소일기』에 대해 소개하는 내용을 별도의 장으로 구성하였다. 기존에 발간된 책들의 편제와 약간의 차이가 있지만, 이 기록들이 초간 부자의 의식과, 초간종가의 문화를 잘 대변한다고 보았기 때문이다.

종가란 무엇인가? 대종大宗의 집, 소종小宗의 집이라고 하는 예학적 정의는 한국 종가의 성격을 그다지 잘 반영하지 못한다. 종가는 글자 그대로 '마루의 역할을 하는 집'이다. 마루는 바닥의 마루가 아니라, 건물의 지붕에 있는 용마루를 말한다. 서까래의 받침대인 용마루가 부실하면 건물이 유지되지 못한다. 종가는 그런 곳이다. 온갖 서까래들이 기댈 수 있는 곳, 한 가문의 용마루인 곳이다. 종가는 가문의 구심점이었고, 좁게는 한 가문, 넓게는 한 지역의 문화를 선도하던 곳이었다.

지금은 그런 역할이 많이 줄어들었지만, 봉제사, 접빈객의 문화는 여전히 남아 있다. 현대인들은 종가의 사람들에게 전통문화를 지키는 최후의 보루가 되기를 요구하고 있다. 거대한 물결 속에서 홀로 버티고 서 있는 이른바 '중류中流의 지주砥柱'가 되기를 바란다. 그러나 너무나 변해버린 현대의 문화 속에서 그들이라고 하나의 '섬'이 되어 살아갈 수는 없는 노릇이다. 미흡하지만 필자의 원고가 그런 종가 사람들의 고뇌와 중압감을 이해하는 자그마한 계기를 제공할 수 있었으면 좋겠다.

초면이었음에도 믿고 집필 기회를 주신 정우락 원장님, 원고마감 약속을 번번이 어겼어도 묵묵히 기다려주면서 여러 가지로 배려를 아끼지 않으신 연구원 선생님들께 진심으로 감사드린다.

오래 기다려 주신 것에 비해 미흡한 원고를 제출하여 부끄러울
따름이다.

겸독재兼獨齋에서

권경열

차례

축간사 _ 3

지은이의 말 _ 7

제1장 백세토록 이어질 터를 정하기까지 _ 14

　　1. 안동권씨 아닌가요? _ 19

　　2. 금계포란형金鷄抱卵形의 지형 _ 29

　　3. 전해지는 이야기들 _ 32

제2장 나서, 자라고, 출입하다 _ 38

　　1. 종가를 연 현조顯祖, 권문해權文海 _ 42

　　2. 조상을 이은 후손들 _ 54

　　3. 혼인으로 맺어진 세의世誼 _ 66

제3장 부자父子, 우리 역사를 기록하다 _ 70

　　1. 『대동운부군옥大東韻府群玉』 _ 73

　　2. 『해동잡록海東雜錄』 _ 92

제4장 부자父子, 자신의 생활을 기록하다 _ 100

　　1.『초간일기草澗日記』_ 103

　　2.『죽소일기竹所日記』_ 113

제5장 수백 년의 세월을 견디다 _ 122

　　1. 건물과 자연 _ 125

　　2. 유품 _ 157

　　3. 사라진 것들 _ 175

제6장 받들고 보듬고 어우러진 삶 _ 180

　　1. 조상을 받드는 의절 _ 183

　　2. 손님을 접대하는 범절 _ 194

　　3. 친족 간의 돈목敦睦 _ 199

　　4. 종손과 종부, 오랜 세월을 짊어지다 _ 201

　　5. 전통과 시속時俗, 선택의 기로 _ 209

제1장 백세토록 이어질 터를 정하기까지

'십승지지十勝之地'

풍수에 특별히 관심이나 조예가 없는 일반인이라도 한 번쯤은 접해 보았을 단어이다. 조선의 풍수가들이 선정했던 전국의 명당 지역 10곳을 가리키는 말로, 병란이나 물난리, 가뭄의 피해가 없는 이상향理想鄕이다.

예언서인 『정감록鄭鑑錄』에 여러 차례 보이는데, 그 중에 수록된 조선 중기의 학자인 남사고南師古의 비결秘訣 「남격암산수십승보길지지南格庵山水十勝保吉之地」에 다음과 같은 기록이 있다.

> 또 한 곳은 예천醴泉의 금당동金塘洞 북쪽이다. 이 지역은 살짝 노출되어 있기는 하나, 군대가 쳐들어오지 않아 여러 세대 동안 평안을 구가할 수 있다. 그러나 왕의 수레가 이곳에 이르게 되면, 그렇게 되지 못할 것이다.

금당동은 세칭 '금당실'이라고 하는 곳으로, 지금의 용문면 금곡동金谷洞 일대를 가리킨다. 준수한 산으로 둘러싸인 비옥한 평야가 넓게 펼쳐져 있는데다, 많은 문신과 학자를 배출한 명가들이 터를 잡고 있어, 인접한 맛질, 즉 저곡리渚谷里와 함께 "금당, 맛질 반 서울"이라는 말이 있었을 정도였다.

죽림동의 대수마을 전경이다. 가운데 보이는 고가가 초간종택이다. 아래쪽 들판의 오른쪽에는 죽림동의 아랫마을인 야당이라는 곳이 있다.

　　실제로 금곡동을 중심으로 인근의 지역에 세거하고 있는 명가들을 살펴보면, 하금곡동下金谷洞과 죽림리竹林里의 예천권씨, 박종린朴從鱗(1496-1552)과 남야南野 박손경朴孫慶(1713-1782) 등으로 대표되는 상금곡동의 함양박씨咸陽朴氏, 야옹野翁 권의權檥(1475-1558)와 춘우재春雨齋 권진權晉(1568-1620)의 후손들인 저곡동, 즉 맛질의 안동권씨安東權氏, 박종린의 사위인 사괴당四槐堂 변응녕邊應寧(1518-1586)의 후손인 원주변씨原州邊氏 등이 대표적인 가문들이다.

　　이 금당실에서 물 하나를 건너면 죽림리, 세칭 '대수' 라는

마을이 나타나는데, 그 마을의 중앙 부분에 우뚝하게 자리하고
있는 고가가 바로 초간종택이다. 조선 선조조宣祖朝의 문신이자
학자인 초간草澗 권문해權文海의 종가이다.

1. 안동권씨 아닌가요?

일반적으로 가문을 소개하는 글이나 책에서 제일 먼저 접하게 되는 것은 그 성씨의 유래일 것이다. 독자들로서는 천편일률적이라고 받아들일 수도 있다. 그러나 어떤 가문은 그 성씨의 유래에 대해 이해하는 것이 더 효과적일 수도 있다. 예천권씨의 경우가 그렇다. 예천권씨라면 꼭 한 번, 아니 수도 없이 많이 겪었을 사례에서 왜 그래야 하는지를 실감할 수 있다.

우리 권가들이 다른 사람과 처음 통성명을 할 때, 으레 따라 나오는 말이 있다. "이, 안동권씨요. 양반이시네요." 무조건적으로 본관을 안동으로 치부하고 만다.

권씨는 단일 본관이라는 인식에다, 안동이 갖는 유학적 이미
지가 더해져서 생기는 현상이다. 그래서 우리는 자신을 소개
할 때마다, 다른 성씨들이 하지 않는 부연 설명 노력까지 해야
한다.

(구술자 권덕열)

　　사람들이 예천권씨의 존재를 잘 모르는 것은 어쩌면 당연한
일일 수도 있다. 예천권씨는 2000년 현재 전국적으로 1,500가구,
인구수 5천여 명 정도에 불과하다. 정부에서 조사한 인구조사 통
계이니, 이 숫자에서 약간의 가감을 하더라도 크게 차이가 나지
는 않을 것이다.
　　예천권씨 자손들의 숫자가 이렇게 적은 것은, 자손이 번성하
지 못한 것이 가장 큰 원인이다. 그러나 중간에 무오사화戊午史禍
와 병란兵亂을 겪으면서 대가 끊어지거나, 다른 성씨로 편입되어
갔기 때문이기도 하다.
　　지금 경남 지역 자손들의 사례에서 그런 예를 찾을 수 있다.
한성부판윤을 지낸 권의權誼의 아들 청풍공淸風公 권자화權自和가
진주晉州로 이주한 뒤에 거기에 정착하고, 난리 통에 실적失籍하
여 지금은 안동권씨 족보에 편입되어 있다. 근거는 『예천권씨세
보醴泉權氏世譜』에 실려 있는 권자화의 손자 권형손權衡孫과 관련
한 내용이다.

구보舊譜에 이르기를, "청풍공淸風公이 진주晉州 외향外鄕으로 이주한 뒤, 자손들이 그대로 거기에서 살게 되었다. 중세에 임진왜란을 겪어 실적失籍하였다.

이제 『안동권씨족보安東權氏族譜』 신보新譜를 살펴보니, 판윤공判尹公부터 후손 도징道徵까지 10세가 제16권 별보別譜 속에 들어가 있는데, 그 본손이 사안이 오래 되었다는 이유로 끝내 바로잡지 못하고 있으니, 한탄스럽다."라고 하였다.

안동권씨 족보의 별보는, 어느 파에 속하는지는 확실하지 않지만 안동권씨로 추정되는 집안의 계보를 별도로 기록한 것이다. 조선 말기에 문중 차원에서 해당 문중으로 찾아가서 다시 돌아올 것을 권했으나, 세대가 오래되었으니 이제 와서 어떻게 돌아가겠느냐는 답만 들었을 뿐이었다고 한다. 지금도 항렬자는 안동권씨와 다르게 예천권씨의 항렬자를 사용하고 있다고 한다. 예천 지역에서 세거하던 호족으로, 신라 때부터 이어져 오던 성씨라는 것을 감안하면, 현재의 자손 수는 너무도 의외라고 할 수 있다.

가. 예천의 토성土姓

흔씨는 예천윤씨醴泉尹氏, 예천임씨醴泉林氏와 함께 예천을 본

관으로 하는 3대 토성 중의 하나였다. 대대로 지역의 호족세력으로서 막강한 지역적 기반을 세습해 왔으며, 고려 이전부터 이미 예천군 용문면 금곡동, 세칭 '금당실' 일대에서 세거世居하고 있었다. 금당실은 용문면의 소재지로, 그 가까운 곳에 저곡동渚谷洞, 세칭 '맛질'이 있었다. 지금까지 전해지는 예천권씨의 집성촌은 크게 저곡동에서 버들밭[하금곡동]으로, 버들밭에서 다시 대수[죽림동]로 집성촌이 확대되어갔다.

예천권씨 족보에 기록되어 있는 흔씨의 시조는 고려 중엽의 호장戶長으로, 보승별장保勝別將을 지낸 흔적신昕迪臣이다. 『고려사高麗史』, 『고려사절요高麗史節要』에는 장군 흔계昕繼, 장군 흔강昕康, 원윤 흔평昕平, 정조正朝 흔행昕幸 등의 인명이 보이고, "용문에 '흔정승昕政丞'이 살았었다."라는 전설이 있는 것을 보면 그 전대의 계보는 실전된 듯하다. 흔적신의 증손자인 흔경昕慶은 성균관 진사로서, 고려 때 향공鄕貢에 응거하였다. 호장의 신분에서 벗어나, 중앙으로 진출하는 발판을 마련하였던 것이다. 호장은 당시의 지방 토호 세력이 세습하는 직책으로, 조선조에서 아전을 뜻하는 용어와는 다른 개념이다.

나. 성을 바꾸다

같은 성씨에서 분적分籍하여 본관을 바꾸는 일은 더러 있었다. 공신으로 봉해지거나, 다른 지역으로 이거하여 하나의 본관을 새롭게 형성하는 경우인데, 예를 들어, 원주이씨原州李氏, 재령이씨載寧李氏, 아산이씨牙山李氏, 우계이씨羽溪李氏 등은 모두 경주이씨慶州李氏에서 갈라져 나간 성씨들이다.

그러나 성 자체를 바꾼 경우는 많지 않은데, 예천권씨가 그 희귀한 사례에 해당한다. 예천권씨는 원래 흔씨昕氏였는데, 고려高麗 충목왕忠穆王의 이름자와 같다는 이유로 국명國命에 따라 성을 바꾼 경우이다. 옛날에는 임금이 지존이었기 때문에, 그 이름자는 나라 안에서 쓸 수가 없었다. 조선 태조 이성계李成桂가 왕이 된 뒤의 이름이 이단李旦이기 때문에, 서적에 나오는 '단旦'자를 모두 '조朝'자로 바꾸어 쓰거나 읽게 할 정도였다.

성을 바꾸게 된 시기와 관련해서는 두 가지 설이 있다. 먼저 『고려사高麗史』의 1344년(충목왕 즉위년) 10월 4일의 기사에 보인다.

왕의 이름자와 음이 같은 글자를 금지하고, 성씨의 경우에는 외가外家의 성씨를 따르게 하였다.

구체적으로 지목하여 기록하지는 않았지만, 충목왕의 이름인 흔昕과 같은 성씨는 흔씨뿐이었다.

또 다른 설은 조선 중기의 용암容巖 권국주權國柱가 지은 『가승家乘』에 보인다. 충정왕忠定王 때 지신사知申事 곽균郭珝이 와서 성을 바꾸라는 왕지王旨를 전한 것이 계기였다고 한다.

지신사는 조선朝鮮의 도승지都承旨에 해당하는 것으로, 고려사에 의하면 곽균은 충정왕 원년에 지신사에 임명되었다가 2년 5월에 갈린다.

『가승』에서는 이런 시기적 차이에 대해 다음과 같이 해석하였다.

> 탁씨卓氏들은 신종神宗의 휘諱를 피해 신종 당대에는 외가의 성씨를 따랐다가, 다음 왕이 등극한 뒤에는 다시 원래의 성씨를 회복했다. 우리도 이처럼 충목왕 대에 일단 성씨를 바꾸었다가, 충목왕의 사후에 다시 원래의 성씨를 회복하였으나, 충정왕이 즉위한 뒤, 부왕의 어휘御諱를 금지시키는 바람에 굳어져, 영영 흔씨를 회복하지 못한 것이 아니겠는가?

어쨌든 시기의 차이가 있을 뿐, 충목왕의 어휘御諱를 피해서 외가의 성씨를 따라 성을 바꾼 것은 틀림이 없다고 할 것이다. 이에 따라 흔씨들도 자신의 외가 성을 따라 성을 바꾸게 되었는데, 진사시에 합격하여 검교예빈경檢校禮賓卿을 지낸 흔섬昕暹은 어머니가 안동권씨였으므로 권씨로 바꾸고, 본관은 그대로 예천으로 하게 되었다. 새로운 성씨라고는 해도 어머니와 증조모, 5대 조모가 모두 안동권씨였기 때문에 거부감 없이 받아들일 수 있었을

것이다. 예천권씨는 예천의 고호古號가 양양襄陽이었으므로, 양양
권씨襄陽權氏라고 하기도 한다.

다. 가문의 흥성과 시련

고려 말에 호장의 세습에서 벗어나 중앙으로 진출하게 된 예
천권씨는, 조선조에 들어오면서 조정 관료를 잇달아 배출하며 흥
성기를 맞이한다.

시조 권섬의 아들인 권군보權君保는 고려 때 급제하여, 문하
주서門下注書, 영해부사寧海府使를 지냈다. 삼봉三峯 정도전鄭道傳의
「만권영해挽權寧海」라는 만시輓詩의 제목에서 확인할 수 있다. 아
들로 한성부판윤漢城府判尹을 지낸 권의權誼, 지안악군사知安岳郡事
를 지낸 권후權詡, 성주목사星州牧使를 지낸 권상權詳을 두었다. 권
상의 아들은 권맹손權孟孫으로, 자가 효백孝伯이고, 호가 송당松堂
이며, 시호는 제평齊平이다. 춘정春亭 변계량卞季良의 문인으로, 문
장에 능하여 예문관대제학, 의정부좌찬성을 지냈다.

그에 관한 재미난 기사가 『세종실록世宗實錄』에 보인다.

근일에 국학國學에 행차하여 전문箋文을 제술製述하게 하였더
니, 모두 권맹손權孟孫이 도시都試에서 장원壯元했던 「진빈풍
도進豳風圖」의 전문을 표절하여 썼으므로, 내가 취하지 않았다.

권맹손은 초간의 종고조부이며, 안동김씨 장동파壯洞派의 비조鼻祖인 김계권金係權의 장인이다. 그 조카인 사포서별좌司圃署別座 권선權善은 목은牧隱 이색李穡의 증손녀인 한산이씨韓山李氏와의 사이에 다섯 아들을 두었는데, 모두 재주가 출중하였다.

장남인 권오행權五行, 차남 졸재拙齋 권오기權五紀, 3남 수헌睡軒 권오복權五福은 문과文科에 급제하고, 4남 권오륜權五倫과 5남 권오상權五常은 진사시進士試에 합격하는 경사가 있었다. 한 집에서 다섯 형제가 모두 과거에 합격하는 일은 조선을 통틀어서도 매우 드문 일이었으니, 이 시기를 가문의 최전성기라고 해도 과언이 아닐 것이다.

그러나 이런 기쁨도 얼마 가지 못하고, 가문의 운은 거침없이 꺾이고 말았다. 셋째인 권오복權五福이 점필재의 「조의제문弔義帝文」으로 촉발된 무오사화戊午史禍에 연루되어 극형을 당했기 때문이다. 권오복은 자가 향지嚮之이고, 호는 수헌睡軒이다. 신진사류新進士流의 영수격인 점필재佔畢齋 김종직金宗直의 문인이다. 시문에 뛰어났으며, 동문인 탁영濯纓 김일손金馹孫과 막역한 사이였다.

당시 조정에서는 훈구관료勳舊官僚들과 신진사류의 대립이 심화되고 있었다. 신진사류의 공세가 거세지면서 반격의 틈을 노리고 있던 훈구파는 1498년(연산군 4)에 『성종실록成宗實錄』을 편찬하면서, 이른바 '무오사화戊午史禍'를 일으켜 신진사류의 제거를 시도하였다. 사관史官인 김일손이 기초한 사초史草 속에 스승 김종직이 쓴 「조의제문弔義帝文」을 실었다는 것을 빌미로 삼았다. 「조의제문弔義帝文」은 항우項羽에게 죽은 초나라 회왕懷王, 즉 의제義帝를 애도하는 내용인데, 세조世祖에게 죽음을 당한 단종端宗을 비유한 것이라고 덮어씌운 것이다. 이때 김종직 문하의 김일손, 권오복, 권경유權景裕가 극형을 당하였다.

예천권씨 가문도 자연히 이에 연루되어 된서리를 맞았다. 당시 나머지 네 형제가 모두 유배를 당하였는데, 공조좌랑으로 있던 권오행은 호남으로, 『성종실록』 편수에 참여하였던 봉교奉敎 권오기는 전라도 해남海南으로, 참봉 권오상은 전라도 강진康津으로 유배를 당하였다. 넷째 권오륜은 자손들이 각지로 흩어져 소식이 끊어졌다. 한마디로 풍비박산이 난 것이다.

라. 은거할 곳을 찾다

조선조 이래로 양반 마을, 이른바 '반촌班村'을 형성하고 있는 세거지의 입향 유래를 살펴보면, 놀랍게도 상당수가 은거를 목적으로 터를 잡았던 것을 알 수 있다. 조정에서 벼슬을 하다가 부패한 정치에 염증을 느껴 낙향하거나, 아예 벼슬길에 나아가는 것조차 포기하고 세상을 등진 경우가 대부분이다.

초간종가도 그런 경우이다. 무오사화 때 전남 강진으로 유배를 당했던 초간의 조부 권오상은 몇 년 뒤 중종반정中宗反正으로 풀려나 고향으로 돌아왔다. 그러나 이내 처가가 있는 문경聞慶 산북면山北面의 화장花庄이라는 곳으로 은거하였다가, 다시 예천의 고향에서 은거할 터를 찾았다. 그곳이 바로 지금 초간종택이 있는 마을이다. 한글로는 대수라고 하고, 한자로는 죽림리竹林里이다. 옛 기록에는 죽소竹所, 죽수竹藪라는 이름도 종종 보인다.

대수라는 이름이 정확히 어떤 의미인지는 알 수 없다. 일제 때 우리말 지명을 한자로 옮겨 적는 과정에서 엉뚱하게 변형된 경우가 종종 있기도 하지만, 죽림이라는 지명은 그와 달리 오래 전부터 각종 기록에서 보인다. 따라서 한자명을 감안해보면, 대나무 숲을 뜻하는 대숲에서 유래하였거나, 대나무가 있는 곳이라는 의미의 죽소에서 유래한 것이라고 추정할 수 있다. 대부분의 자손들 또한 그렇게 이해하고 있다.

한편으로는 죽림에 은거하던 처사적 삶의 지향을 담은 것일 수도 있다. 중국 진晉나라 때 세상의 혼란을 피하여 죽림에서 청담淸淡을 즐기던 일곱 현사賢士를 죽림칠현竹林七賢이라고 칭하는 것에서 볼 수 있듯이, 죽림이라는 말은 전통적으로 은거와 관련된 말이다. 세상의 이전투구에 염증을 느끼고 은거하고자 할 때, 그 심정을 이만큼 대변하는 지명도 없었을 것이다.

2. 금계포란형金鷄抱卵形의 지형

명당은 풍수설에 기반을 둔 용어이다. 살아서 사는 집터도 명당이 있고, 죽어서 묻히는 묘소도 명당이 있다고 한다. 전국적으로 볼 때 살아서 사는 집터가 명당인 곳을 보면, 대체로 금계포란형이라는 말을 많이 쓴다. 황금알을 낳는 닭이 황금 달걀을 부화시키기 위해 품고 있는 모습과 닮은 형국이라는 것이다.

일부러 그런 곳을 찾아 집을 지어서 그런 것인지, 아니면 명가의 집터라는 것을 드러내기 위해 일부러 그렇게 해석을 해서 이름을 붙인 것인지는 알 수 없다. 다만 많은 알을 낳고, 그 알들을 부화시키는 닭의 이미지에 빗대어, 자손이 번성하고, 재물이 불어나기를 기원하는 마음을 담은 것은 분명한 듯하다.

초간종가가 자리한 곳도 금계포란형의 명당이라고 한다.

이 터와 관련해서는 몇 가지 전설이 있어. 임진왜란 때 명明나라 제독提督 이여송李如松과 함께 원군으로 왔다가 귀화한 장수 두사충杜師忠이라고 있었어. 워낙 풍수에 밝은 사람인데, 하루는 먼 산에 올라 산세를 살펴보다가 이 집을 발견하고는, 옆에 있던 약포藥圃 정탁鄭琢 대감에게 저 집을 허물어 버릴 수는 없느냐고 했다고 해. 아마 산소를 쓰기 위해 집을 허물 생각이었던 모양이야.

이 설은 조선 후기의 전설에서도 확인이 돼. 어떤 유명한 풍수가가 이곳은 산소 터로 적합한 자리로, 8판서判書가 나는 자리라고 했다는 거야. 지금은 없어졌지만, 집을 둘러싸고 좌우로 얕은 둔덕이 있었어. 청룡, 백호의 형국을 하고 있었으니, 그 말이 일리가 없는 것은 아니지.

또 참봉공[권오상權五常] 할배가 이곳에 터를 보실 때, 북쪽의 용문면 두천리杜川里, 세칭 '뒤낫'이라는 곳의 터와 이곳의 터를 놓고 고민을 하셨다고 전한다. 뒤낫 터는 만석꾼이 날 자리고, 이곳은 문한文翰이 백대토록 계승될 곳이라는 거야. 결국 문한이 이어지는 곳으로 선택을 하셨지. 실제로 뒤낫에서는 부자가 두 번 났고, 우리도 글은 끊어지지 않았으니 어지간히 맞는 전설이지.

　　풍수 이론을 굳이 적용하지 않더라도, 종택에서 바라보는 경치는 수려하기 그지없다. 가까이는 비옥한 들판이 펼쳐져 있고, 뒤로는 주산인 국사봉國師峯에서 뻗어 내린 자락이 배경을 이루고 있고, 왼쪽으로는 옥녀봉玉女峯, 정면으로는 아미산峨眉山, 오른쪽으로는 백마산白馬山과 멀리 학가산鶴駕山이 시야에 들어온다. 마을의 왼쪽과 오른쪽에 청룡과 백호가 분명하게 반달모양으로 감싸고 있는 것도 아늑한 느낌을 준다.

3. 전해지는 이야기들

오래된 가문에는 그 역사만큼이나 다양한 일화들이 전해진다. 입향의 유래, 묘소 터를 잡을 때의 기이한 현상, 먼 곳으로 유배되거나 유배지에서 객사했던 비사, 출생과 관련한 꿈 등등, 비슷한 내용인 것도 있고, 독특한 내용인 것도 있다. 초간종가에도 몇 가지 일화가 전하고 있다. 초간보다 훨씬 선대의 이야기도 있고, 당대, 또는 그 자손들의 이야기도 있다. 그중에서도 가장 흥미로운 전설 몇 가지를 소개해 본다.

가. 자라의 점지로 얻은 아들

초간의 자손들은 자신들이 자라와 연관이 있다고 생각한다. 병 치료 등 특별한 경우를 제외하면, 의식적으로 자라를 먹지 않는다. 초간의 아들 죽소 권별과 관련된, 일종의 탄생설화 때문이다.

초간은 늦도록 아들을 얻지 못하였다. 전배前配인 현풍곽씨玄風郭氏는 초간이 49세이던 1582년에 세상을 떠났는데, 슬하에 자식이 없었다. 51세 되던 1584년에 후배後配 함양박씨咸陽朴氏에게 장가들었는데, 여전히 아들은 생기지 않았다.

초간의 일기에 따르면 '달아達兒'가 있었으나 일찍 죽었고, 55세이던 1588년에 얻은 자식은 딸이었다. 가문의 대를 잇는 것을 중시하던 시대에, 당시로서는 고령인 환갑이 가까워지도록 후사가 없는 것은 큰 고민거리가 아닐 수 없었다.

그 무렵 귀향하던 길에 우연히 길가에서 파는 자라들을 보게 되었다. 그날따라 더운 날씨에 버둥거리는 것이 불쌍해, 모두 사다가 근처 강물에 방생을 해 주었다. 긴 여정에 노곤하던 터라 여관에서 저녁을 먹고 금방 잠에 빠져들었는데, 꿈에 한 노인이 나타나 절을 하였다. 초간이 이상하게 여겨 누구냐고 물어보자, 노인은 "아까 방생해 주었던 자라들이 저의 자손들입니다."라고 하고는, 은혜에 대한 보답으로 한 가지 소원을 들어드리겠다고 하였다. 아들을 얻지 못해 한창 걱정을 하고 있던 터라, 다른 소원이 있을 리가 없었다.

"아들을 갖지 못해 걱정이 많소."

"좋습니다. 공께서 저희 아이들을 살려주셨으니, 당연히 저도 아이로 보답해 드리겠습니다."

노인이 사라진 뒤에, 꿈에서 깨어난 초간은 기이하게 여겼지만, 꿈이려니 생각하고 말았다. 그러나 얼마 뒤 56세이던 1589년 11월 29일에 마침내 아들 권별을 얻게 되자, 초간은 문득 그때의 꿈을 떠올렸다.

"자라 노인이 점지해 준 아들이 틀림없다."

기쁜 나머지 아들의 이름을 항렬자를 무시하고 '자라 별[鼈]' 자로 지었다.

종택 앞 향나무 옆에는 자그마한 못이 있는데, 이 못 역시 자라가 물이 필요하다는 설에 따라 조성되었다고 한다. 원래는 근처 권중섭 가옥 자리에 큰 저수지가 있었는데, 메우고 건물을 지으면서, 지금의 자리로 옮겨 조성하였다고 한다.

나. 정사 기둥에 남은 도끼자국

조선 시대에 입신양명할 수 있는 거의 유일한 수단은 과거를 통해 벼슬에 나아가는 것이었다. 사대부의 신분을 획득하는 순간 이른바 상류층으로 진입이 가능하기 때문에, 아들 가진 집에서는 누구라도 과거 급제를 꿈꾸었다.

초간정에는 이와 관련한 애절한 일화가 전한다.

인근의 가난한 집에 과거를 준비하던 한 선비가 살고 있었다. 누군가가 초간정 주변을 백 번 돌면 과거에 급제한다는 소리를 했다. 과거를 앞두고 예민해 있던 그는 지푸라기라도 잡는 심정으로 초간정 주변을 돌기 시작했다. 체력이 약했던 선비는 다리가 후들거렸지만, 과거에 합격하여 홀로된 노모를 기쁘게 해드릴 생각에 돌기를 멈추지 않았다.

"이제 조금만 더 돌면 백 번이구나."

횟수를 거의 채울 무렵, 약간 방심했던 탓일까. 발을 헛디딘 그는 정자 암벽 아래로 떨어지고 말았다. 상류에 보가 막힌 지금과 달리, 당시에는 초간정 주변으로 물이 깊이 감싸 흐르고 있었다. 수영에 익숙지 않던 그는 물에서 허우적거리다 결국 익사하였다.

아들의 죽음을 맞은 선비의 노모는 목 놓아 울부짖다가, 너무나 원통한 나머지 도끼를 집어 들고 정자로 달려갔다.

"이 정자가 우리 아들을 죽였다. 무너뜨리고 말겠다."

주변의 만류 때문에 한 번의 시도에 그치긴 했지만, 당시에 노파가 내리찍은 도끼 자국이 지금도 초간정의 기둥에 선명하게 남아 있다.

다. 우스갯소리

옛사람들의 해학을 엿볼 수 있는 이야기도 전하는데, 그 중 2가지만 소개해 보기로 한다.

첫 번째는 과거科擧 초시初試에서 아홉 번이나 떨어져서 별명이 '구초시九初試'였던 인물의 이야기이다.

10번째 응시했으나 또다시 떨어지자, 실망한 나머지 죽을 결심을 하고 초간정 건너편의 절벽에 섰다. 지나가던 농부가 발견하고 급히 만류하면서 물었다.

"도대체 무슨 일인데, 죽으려고 하는 것이오?"

"이번에도 과거에 떨어져서 더 이상 살고 싶은 생각이 없어서 그렇소."

그 말을 듣고 농부는 별 일 아니라는 듯이 퉁명스럽게 말했다.

"아니, 뭘 그 정도를 가지고 죽으려는 거요. 실패할 수도 있는 것이지. 밥 먹듯이 떨어지는 예천권씨네 구초시라는 사람도 있으니, 힘내시오."

선비는 그 말을 듣고 맥이 풀려 말했다.

"그 구초시가 바로 나요."

그러자 농부는 기가 막힌다는 듯이 물끄러미 쳐다보다가, 잡았던 팔을 놓고 떠나가면서 말했다.

"아, 그럼 그럴 만하구려."

두 번째 이야기는 애꾸눈을 가진 선비가 혼사 때 상객上客으로 따라갔을 때의 이야기이다. 그가 상객으로 들어서자, 사돈가의 사람들이 수군거리는 것이었다.

"대수 권씨도 다 되었구나. 눈 하나 달린 애꾸가 상객으로 오다니."

당시만 하더라도 장애에 대한 비하가 심하던 때라, 당사자가 듣든 말든 아랑곳하지 않았다. 묵묵히 듣고 있던 선비가 갑자기 큰소리로 호통을 치듯이 말했다.

"이 가문에 볼 것이 뭐가 있다고 눈을 두 개나 달고 오겠는가? 눈 하나로도 과분하지."

그 말을 들은 사가查家에서는 무안해하며 예의를 제대로 차렸다고 한다. 이 말을 전해 들은 대수마을에서는 박장대소를 하며 통쾌해 했음은 물론이다.

제2장 나서, 자라고, 출입하다

권오상權五常이 대수마을에 입향入鄕하여 터를 정하고, 권지權祉 때에 지금의 종가 가옥을 축조한 이후로, 종손의 계보를 이어온 이들은 대부분 이 집에서 나고 자랐다.

　　어쩌다 양자를 들여도 거의 3촌의 범위를 넘지 않았다. 다른 성씨에서는 타파他派에서 양자를 들이는 경우도 종종 있지만, 초간종가에서는 그런 사례가 없었다. 초간의 혈통이 그대로 이어지고 있는 것이다.

　　초간의 현손玄孫인 권봉의權鳳儀가 유일하게 3촌이 아닌 경우이다. 그는 초간의 아우 권문연權文淵의 증손인 권경權暻의 아들이다. 초간의 증손인 권질權晊의 9촌 조카, 즉 삼종질三從姪이었다. 그러나 권경의 부친인 권극정權克正이 권질의 부친인 권극중權克中의 친동생임을 감안하면, 생가 혈연으로는 5촌 종질인 셈이다.

　　이제 어떤 이들이 이 집에서 나고 자라서 조상을 계승하였는지, 초간으로부터 종가를 지켜온 봉사손들 중 행적이 비교적 자세히 남아 있는 인물들 위주로 소개해 본다. 그리고 이른바 '출입한다.'는 말로 대변되는, 혼인 관계의 특징적인 면에 대해서도 간략하게 살펴보도록 한다.

【예천권씨세계도】

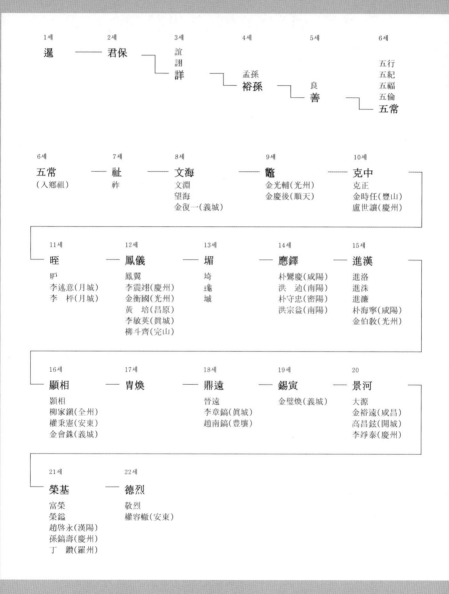

1세	2세	3세	4세	5세	6세
暹	君保	誼 誽 詳	孟孫 裕孫	良 善	五行 五紀 五福 五倫 五常

6세	7세	8세	9세	10세
五常 (入鄕祖)	祉 祚	文海 文淵 望海 金復一(義城)	鼇 金光輔(光州) 金慶後(順天)	克中 克正 金時任(豐山) 盧世讓(慶州)

11세	12세	13세	14세	15세
旿 昕 李述意(月城) 李　枰(月城)	鳳儀 鳳翼 李震翊(慶州) 金衡國(光州) 黃　培(昌原) 李敏英(眞城) 柳斗齊(完山)	堳 埼 堠 城	應鐸 朴鶯慶(咸陽) 洪　迪(南陽) 朴守忠(密陽) 洪宗益(南陽)	進漢 進洛 進洙 進濂 朴海寧(咸陽) 金伯敎(光州)

16세	17세	18세	19세	20
顯相 顯相 柳家鎭(全州) 權秉憲(安東) 金會銖(義城)	胄煥	鼎遠 晉遠 李章鎬(眞城) 趙南鎬(豐壤)	錫寅 金璧煥(義城)	景河 大源 金裕遠(咸昌) 高昌鉉(開城) 李玎泰(慶州)

21세	22세
榮基 富榮 榮鎰 趙啓永(漢陽) 孫鎬壽(慶州) 丁　鑽(羅州)	德烈 敬烈 權容轍(安東)

1. 종가를 연 현조顯祖, 권문해權文海

　　권문해權文海(1534-1591)는 조선 중기의 문신文臣이자, 사학史學
에 밝은 학자로 널리 알려져 있다. 자字는 호원灝元이고, 호號는
초간草澗이다.

　　1534년(중종 29) 갑오년 7월 24일에 아버지 권지權祉와 어머니
동래정씨東萊鄭氏 사이에서 태어났다. 어머니는 정찬종鄭纘宗의
딸이다.

　　전배前配인 현풍곽씨玄風郭氏는 교위校尉 곽명郭明의 딸이다.
20세(1553) 때 장가를 들었다. 이후에 상주尙州에서 생활하는 일이
많았는데, 이는 처가가 상주에 있었던 인연 때문이었다. 『초간일
기草澗日記』에 당시 처외가妻外家인 우복愚伏 정경세鄭經世의 집안

인물들과 교류한 내용이 많이 보인다. 소생이 없었다.

후배後配은 함양박씨咸陽朴氏이다. 박지朴芝의 딸이자, 금당실 입향조인 정랑正郎 박종린朴從鱗의 손녀이다. 소생으로 1남 2녀를 두었다. 아들은 권별權鼈이고, 사위는 광산김씨光山金氏 김광보金光輔와 순천김씨順天金氏 김경후金慶後이다.

가. 역사에 관심을 갖다

어려서부터 우리 역사에 대한 관심과 자부심이 높았으며, 이를 체계적으로 정리할 꿈을 가지고 있었다. 26세 겨울에 신라 때의 고찰인 용문사龍門寺에서 아우와 공부를 할 때였다.

> 동국東國의 풍속이 질박하여 문헌이 갖추어지지 못하니, 선비라는 자들이 입으로 중국의 일을 이야기하면서, 역대의 치란治亂과 흥망興亡에 대해서 마치 어제의 일처럼 밝은데 비해, 동국의 일에 대해서는 상하 수천 년 동안의 일을 아득히 문자가 없던 시대의 일처럼 여긴다. 이는 눈앞의 물건은 보지 못하면서 천 리 밖을 응시하려는 것과 같은 것이다.

연보年譜에 수록된 내용으로, 아우 권문연權文淵에게 한 말이다. 당시 지식인들이 자국 문화를 경시하는 태도에 대해 개탄하는 이면에, 우리 역사에 대한 자부심이 엿보인다. 이런 인식을 바탕으로 역사와 관련된 많은 자료들을 섭렵하였고, 그 결과 젊은 나이에 이미 사람들에게 사학자로서 명성이 나 있었다.

초간이 사학에 얼마나 조예가 깊었는지는 서천부원군西川府院君 정곤수鄭崑壽와의 일화가 잘 보여주고 있다.

정곤수는 초간의 당숙인 권우權祐의 사위로서, 초간에게는 재종매부再從妹夫였다. 그의 아우인 한강寒岡 정구鄭逑가 쓴 행장行狀에 다음과 같은 기록이 있다.

> 공은 전고前古의 사적史籍과 동국東國의 전고典故에 대해 두루 섭렵하여 꿰뚫고 있었고, 여타 소가小家들의 잡기雜記, 냉화冷話, 쇄록瑣錄 등에 대해서도 읽어서 기억하지 않는 것이 없었다.
>
> 일찍이 사문斯文 권문해權文海와 함께 우리나라의 전대前代의 일에 대해 논한 적이 있었는데, 권공 또한 사학史學으로 명성이 있었지만, 물러가서 사람들에게, "정鄭 아무개는 『동국사략東國史略』 그 자체이다."라고 할 정도였다.

정곤수가 사학에 대해 해박한 지식이 있음을 서술한 글이지만, 군이 초간과의 일화를 언급한 것은 그만큼 초간이 사학에 권위가 있었음을 간접적으로 보여주는 사례라고 할 수 있다.

초간의 박식함에 대한 표현은 그 후대에도 많이 보인다. 남계南溪 박세채朴世采는 육신사六臣祠의 유생들에게 보낸 편지에서 『대동운부군옥大東韻府群玉』의 내용을 인용하면서 초간에 대해 이렇게 평했다.

위의 내용은 『대동운옥大東韻玉』에 보이는데, 이 책은 곧 영남의 승지承旨 권문해權文海가 지은 책이다. 선조宣祖 때의 사람으로, 그 학문이 넓고도 정밀하다.

당색黨色이 다름에도 불구하고 후한 평을 내리고 있다. 전만영全萬英은 숙종 연간에 쓴 야은埜隱 전녹생田祿生의 유사遺事에서 초간의 박학을 거론하였다.

그리고 박학博學한 초간草澗 권공權公과 전고典故에 해박한 문소김씨聞韶金氏의 글에도 모두 "이인임李仁任을 죽이라고 청하다가 곤장을 맞고 유배되었다."라고 했다.

초간이 박학함으로 후인들에게 크게 인정을 받고 있었음을 여실히 보여주는 것이라고 할 수 있다.
초간의 이러한 인식과 학문적 노력은 결국 우리나라 최초의 백과사전이라고 할 수 있는 거질의 『대동운부군옥大東韻府群玉』으로 결실을 맺었다. 이 책은 단순한 사전이 아니라, 우리 역사의 집대성이라는 목적의식이 분명하게 담겨 있는 책이다.

나. 교화와 유풍의 진작에 힘쓰다

초간은 세상의 교화와 유풍儒風의 진작에도 힘을 기울였다. 서책의 보급이 그 일환이 될 수 있다는 인식하에 서책의 간행에도 적극적이었다.

먼저, 조부의 형제들이 연루되어 화를 입었던 무오사화戊午史禍와 관련한 내용을 기록으로 남기기 위해 동문인 서애西厓 류성룡柳成龍에게 부탁하여 무오당적戊午黨籍을 짓게 하였다. 또한 무오사화의 가장 큰 피해자인 숙조叔祖 권오복權五福의 글들을 모아 문집 『수헌집睡軒集』을 간행하였다.

안동부사로 재직할 때에는 여강서원廬江書院, 지금의 호계서원虎溪書院의 설립에 적극적으로 지원하였다. 퇴계문하의 제자들의 열전列傳이라고 할 수 있는 『도산급문제현록陶山及門諸賢錄』이라는 책에 관련 기록이 있다.

계유년에 안동부사에 제수되었다. 사림에서 바야흐로 여강서원을 건립하여, 이선생李先生을 봉안하여 제향을 드리려고 하였는데, 공이 실로 그 일을 주관하였다.

또한 같은 시기에 스승 퇴계의 저작인 『이학통록理學通錄』의 간행을 관찰사에게 건의하여, 결국에는 간행을 성사시키기도 하였다.

당시 행의行誼로 명성이 있었던 송암松巖 권호문權好文을 관찰사에게 유일遺逸로 천거하였다. 공주목사公州牧使 때는 지역에 있는 공암서당孔巖書堂에 석탄石灘 이존오李存吾 등을 향사하는 사당의 설립을 적극적으로 지원하기도 하였다.

다. 초간이라는 호에 담긴 뜻

초간이라는 호가 어떤 의미에서 지어진 것인지는 알 수 없다. 관련 기록이나 이야기가 전하고 있지 않기 때문이다. 다만, 족후손族後孫인 선계仙溪 권용權墉의 「초간정사사적草澗精舍事蹟」과 남야南野 박손경朴孫慶의 「초간정사중수기草澗精舍重修記」에서는, 당唐나라의 시인 위응물韋應物의 「저주서간滁州西澗」이라는 시에 나오는 '독련유초간변생獨憐幽草澗邊生' 이라는 구에서 따온 것으로 추정하고 있다.

남야와 비슷한 시기에 살았던 팔우헌八友軒 조보양趙普陽이 지은 「차초간운次草澗韻」이라는 시에도 "그윽한 시내 우거진 풀에는 남긴 향기 가득하네[幽澗草深留馥郁]."라는 시구가 있는 것으로 보아, 초간이라는 호는 위응물의 시에서 따다 쓴 것이라는 인식이 형성되어 있었던 것으로 보인다. 위응물의 시구는 고인들이 혼란한 세상을 등지고, 자연에서 홀로 자득해 하던 의취를 담은 것이다. 당론이 격화되던 시기의 초간의 심정과 다를 바가 없었을 것으로 보인다.

라. 당쟁에 휩쓸리다

초간은 정치적으로 동인東人으로 분류된다. 동서분당의 원인이 되었던 동인의 김효원金孝元과 매우 친밀한 데다가, 서인西人, 특히 송강松江 정철鄭澈과의 마찰이 거듭되었기 때문이다. 그러나 그는 단순히 사사로운 친분 때문에 편 가르기에 참여하지는 않았다. 언관言官으로서 자신의 책무를 다하는 과정에서 생긴 갈등일 뿐이었다.

1583년 윤2월 22일에 쓴 초간의 일기를 보면, 그의 마음이 잘 나타나 있다.

지나는 길에 영상領相 박사암朴思菴[박순朴淳]을 방문하였는데, 병판兵判 이숙헌李叔獻[이이李珥]이 먼저 와 있었다. 지난번 피혐避嫌하였던 일 때문에 언짢게 여기는 기색이 역력하였다가, 내가 "감정이 있었던 것도 아니고, 털끝만한 사적 의도가 있었던 것도 아니었다."라고 답변하자, 그의 마음이 조금 풀렸다.

율곡栗谷 이이李珥와는 그 전에도 인연이 있었다. 류성룡柳成
龍이 지은 『운암잡록雲巖雜錄』에, 율곡이 생원시에 장원을 한 뒤,
함께 급제한 이들과 문묘文廟에 배알하려고 할 때의 일이 기록되
어 있다. 기존 유생들이 그가 한때 승려였다는 것을 문제 삼아 출
입을 저지하였을 때, 초간이 극력 나서서 일을 성사시켰다는 내
용이다.

성균관박사成均館博士 권문해權文海가 여러 유생들에게 강권
하여 힘써 해산을 시키자, 마침내 들어가 배알의 예를 행하고
나올 수 있었다.

또한 율곡의 아우인 이우李瑀와도 친분이 있었다. 1581년 10
월 23일에 쓴 일기에 다음과 같은 내용이 보인다.

계헌季獻[이우李瑀]을 위하여 아헌衙軒에 술자리를 베풀고 종일
술을 마시며 이야기를 나누었다. 계헌은 글씨를 쓰기도 하고
그림을 그리기도 하였는데, 구경하는 자들이 담장처럼 빙 둘
러쌌다. 밤이 되어서야 자리를 파하였다.

언관言官인 사헌부 장령, 사간원 헌납을 지내면서, 정철이 관
례를 넘어 예조판서禮曹判書로 특진한 것은 지나치다고 논박하고,

두 왕자의 궁실이 정해진 규모를 넘은 잘못을 지적하는 등 전후로 탄핵을 한 대상이 모두 50여 인에 이르렀다. 그로 인해 원망과 시기를 받은 것이 많았고, 벼슬살이의 상당 부분을 외직外職으로 돌 수밖에 없었다.

마. 이력

6세 때 학문을 시작하여, 9세 때 가정에서 『소학小學』을 배우고, 13세 때 『대학大學』, 『중용中庸』을 배웠다. 주로 문경聞慶 화장花庄에 있는 조부의 재사齋舍와 용문사龍門寺에서 공부를 하였다.

퇴계 이황의 문하에 든 것은 23세(1556) 때로, 한 달 가량을 한서암寒棲庵에 머물면서 류운룡柳雲龍과 함께 수학하였다. 돌아올 적에 퇴계가 「숙흥야매잠夙興夜寐箴」을 친히 써서 주었다.

19세인 1552년에 경상도 감영監營에서 치르는 향시鄕試에 응시하여 장원壯元을 차지하였다. 27세인 1560년(명종 15)에 별시別試 문과에서 병과丙科 8위로 급제하였고, 37세인 1570년에 문신 정시文臣庭試에서 장원을 차지하였다.

벼슬은 형조좌랑刑曹佐郎, 예조정랑禮曹正郎, 영천군수榮川郡守, 안동부사安東府使, 청주목사淸州牧使, 공주목사公州牧使, 성균관사성成均館司成, 사간원헌납司諫院獻納, 사헌부장령掌令, 대구부사大丘府使, 사간원사간司諫, 승정원동부승지承政院同副承旨, 좌부승지左

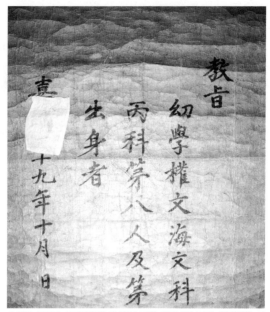

초간이 문과에 급제하였을 때 발급 받은 합격 증서로서, 일반적인 교지와 달리 붉은색 종이를 사용하였으므로, 홍패紅牌라고도 한다.

副承旨 등을 지냈다.

　1591년(58세) 11월 20일에 서울의 집에서 세상을 떠났다. 『선조실록宣祖實錄』 12월 9일 기사에 다음과 같은 내용이 있다.

　　부호군副護軍 권문해權文海가 경가京家에서 객사客死하였다.
　　우찬성 정탁鄭琢이 경연經筵에서, 문해는 시종侍從을 이미 역임했으니, 상여를 고향까지 일로一路로 호송할 수 있도록 예조

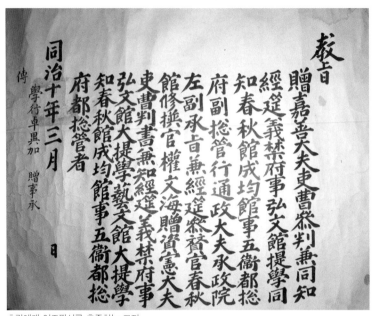

초간에게 이조판서를 추증하는 교지

가 공사公事를 만들어 행이行移하게 해 줄 것을 청하였다.

　재종제再從弟인 감역監役 권문계權文啓가 운구運柩하여 고향으로 돌아와 용문산 기슭에 장사지냈다.

　1786년(정조 10)에 사림에서 봉산서원鳳山書院에 배향하였다.

　1870년(고종 7) 3월 4일에 학행이 탁이하다고 하여, 이조참의를 추증하였고, 불천위不遷位의 명이 내렸다. 정교한 솜씨의 감실

龕室도 이 때 하사받은 것이라고 한다.

다음해인 1871년(고종 8) 3월 16일에 다시 이조판서를 추증하였다. 역시 학행이 탁이하다는 이유였다.

2. 조상을 이은 후손들

가. 권별權鼈(1589-1671)

조선 중기의 학자로서, 자는 수보壽甫이고, 호는 죽소竹所이다. 초간과 후배後配 함양박씨咸陽朴氏 사이의 소생이며, 초간이 56세(1589)이던 해 11월 29일에 태어났다.

성오당省吾堂 이개립李介立(1546-1625)의 문하에서 공부하였다. 성오당이 세상을 떠났을 때, 제자로서 상례에 적극적으로 관여하던 내용이 『죽소일기竹所日記』에 보인다.

병자호란丙子胡亂 때 의병義兵을 일으켜 도성都城을 향해 진군하였으나, 도중에 남한산성南漢山城에서 인조仁祖가 항복을 하였다는 소식을 듣고 돌아왔다. 이후로 벼슬에 나아갈 뜻을 접고, 재야에서 학문에 열중하였다.

절충장군折衝將軍 용양위龍驤衛 부호군副護軍에 제수되었는데, 이는 벼슬이 있는 80세 이상 노인에게 내리는 수직壽職이다.

문집을 남기지는 않았으나, 부친인 초간의 사학史學을 이어 거질의 인물사전인 『해동잡록海東雜錄』을 남겼다. 또한 『초간일기』에 이어 2년간의 일기인 『죽소일기』를 남겼다.

초간이 저술한 『대동운부군옥大東韻府群玉』이 학봉鶴峯 김성일金誠一과 한강寒岡 정구鄭逑가 빌려갔다가 병란과 화재로 불타버리자, 정산서원鼎山書院 원장院長으로 있으면서 경내의 명필들을 모아서 정밀하게 베끼게 하였다. 오늘날까지 『대동운부군옥大東韻府群玉』이 사라지지 않고 전해질 수 있었던 것은 죽소의 공이라는 평가가 많다.

목재木齋 홍여하洪汝河가 쓴 만사輓詞가 죽소의 모든 것을 잘 묘사하고 있다.

선공은 문장으로 이름났으니,	先公有文章
수헌공의 아름다운 자취를 계승했네.	趾美睡軒公
『대동운옥』이라는 책을 저술하여,	撰成韻玉書
찬란히 우리 동방을 비추셨지.	璀璨照吾東
공이 다시 그 가업을 계승하여,	公復繼其業

모아 편집한 것이 아주 정밀하였네.	彙輯頗精工
사업이 음씨 아들 부춘復春과 비슷한데다,	事類陰子春
죽소란 이름도 또한 같다네.	竹所名又同
지난해 금당실에 우거할 때,	前年寓金塘
화려한 집으로 자주 찾아뵈었지.	屢拜華堂崇
팔순에도 정신이 또렷한데,	八十尚精神
검버섯 핀 얼굴엔 홍조를 띠셨네.	凍梨欲暈紅
글씨는 여전히 깨알같이 쓰셨으며,	字猶蠅頭寫
술 단지 술도 거뜬히 비우셨지.	罇已蛆浮空
우리나라의 일을 말씀하시는데,	談說東方事
실로 야사 속을 꿰뚫고 계셨네.	實穿野乘中

위의 내용 가운데에 보이는 음죽야라는 인물은 원元나라 때의 학자이자 문신인 음응몽陰應夢(1224-1314)을 가리킨다. 아들이 『운부군옥』을 저술하려고 하였을 때 작성 지침인 범례凡例를 작성해 주는 등 많은 도움을 주었으며, 책이 완성된 뒤에는 서문을 써 주었다.

위의 "사업이 음씨 아들 부춘과 비슷한데다, 죽소라는 이름도 또한 같다네."라는 표현은, 그가 쓴 『해동잡록』 발문을 보면 이해할 수 있다.

대개 음죽야陰竹壄가 아들 부춘復春의 『운부韻府』의 서문을 쓸 때가 84세였다. 지금 죽소공의 가문, 이룬 사업, 수명을 보면 대략 서로 부합하니, 우연이 아닌 듯하다.

목재 역시 『동사제강東史提綱』, 『휘찬여사彙纂麗史』 등의 역사서를 편찬할 정도로 사학에 조예가 깊었는데, 죽소와 함께 동방의 역사에 대해 논하면서, 많은 감동을 받은 것으로 보인다.

죽소는 평소에 분매盆梅를 기르는 취미가 있었던 듯하다. 그와 관련한 일화가 전한다. 학사鶴沙 김응조金應祖(1598-1669)는 1655년에 『대동운부군옥』의 발문을 써 줄 정도로 평소에 친분이 있는 사이였다. 그런데 그가 지은 「매매賣梅」라는 시의 주석에, "권수보權壽甫가 애초에 내게 분매를 주기로 약속하였는데, 끝내 다른 사람에게 주었다. 박이온朴以蘊의 말로는 남에게 팔았다고 하였다."라고 적고 있다. 죽소가 분매를 주기로 약속해 놓고 팔아버린 것을 섭섭해 하면서 놀리는 시를 지은 것이다.

그런데 공교롭게도 죽소의 사돈인 표은瓢隱 김시온金是榲(1598-1669)의 시에도 분매 이야기가 나온다. 그는 죽소가 보내 준 분매盆梅를 받고 감사의 뜻으로 시를 지어 보냈는데, 그 제목에, "죽림의 권수보 어른이 분매를 보내 주어, 시를 지어 사례를 하면서 놀려 본다."라고 하였다. 제목에 놀려 본다는 표현이 있는 것과, 학사가 표은의 처숙妻叔인 것을 감안하면, 분매와 관련한 학사鶴沙와의 일에 대해 알고 있었던 듯하다. 재미있는 우연이라고 할 수 있다.

부인은 충재冲齋 권벌權橃의 손자인 권래權來의 딸이다. 극중克中, 생원 극정克正 두 아들을 두었으며, 사위는 김시임金時任, 노세양盧世讓, 이병일李秉一, 김후金鍭이다.

나. 권응탁權應鐸(1726-1787)

조선 후기의 학자로, 초간의 6대손이다. 자는 천진天振, 호는 송서松西이다. 어렸을 때부터 시문에 능하여 이현급李賢汲 같은 당대의 선배들의 격찬을 받았다. 남야南野 박손경朴孫慶과 족숙族叔인 선계仙溪 권용權墉의 문하에 출입하였는데, 모두 당시에 영남 유림에서 명성이 높았던 인물들이었다.

평생 친족들끼리 우의를 돈독히 하는 것에 남달리 힘을 쏟았다. 과부가 된 가난한 누이의 가족들을 불러들여 재산을 나누어 주고, 그 자식들을 성취시켰다. 또한 동당同堂의 형제들이 함께 식사를 하는 제도를 만들어 정례화하면서, 친족 간의 돈독한 정을 나누기도 하였다. 입재立齋 정종로鄭宗魯가 지은 묘갈명墓碣銘에 구체적인 상황이 묘사되어 있다.

초하루와 보름날이면 남자들은 모두 의관을 갖추고 대청에 모이고, 부인들은 안채에 모였다. 남녀 자손들이 또한 각각 자리를 나눠 차례로 앉았으며, 아래로 하인들까지도 모두 그렇게 하였다. 모두 백여 식구에 가까웠는데, 열 지어 앉아 식사를 하는 모습이 논밭을 구획한 것처럼 반듯하였다.

만년에 행의行誼가 뛰어나다고 추천을 받았으나, 윤허를 받지는 못하였다. 정와貞窩 황룡한黃龍漢이 행장을 지었다. 간행되지 않은 문집이 있다.

전배前配인 광주이씨廣州李氏는 탄수灘叟 이연경李延慶의 후손인 부사府使 이성지李聖至의 딸로, 슬하에 진한進漢, 진락進洛을 두었다.

후배後配는 의성김씨義城金氏로, 김창한金昌漢의 딸이다. 슬하에 김백교金伯敎에게 시집간 딸과, 진수進洙, 진렴進濂을 두었다.

다. 권진한權進漢(1763-1807)

조선 후기의 학자로, 초간의 7대손이다. 자는 탁지濯之이고, 호號는 죽와竹窩이다. 통덕랑通德郎에 올랐다.

6살 때 모친을 여의고 어른처럼 슬퍼하였으며, 3살짜리 아우 진락進洛을 잘 거두어 인근에서 칭찬이 자자하였다. 25세 때 부친을 여의었을 때는 상례를 법도에 맞게 엄정하게 치렀으며, 완강

하게 반대하던 장지 근처 동네 사람들을 지성으로 설득하여 결국 장사를 치렀다.

상기를 마치고 나서 더욱 학문에 매진하였으며, 특히 시로 명성을 떨쳤다. 예조판서 번암樊巖 채제공蔡濟恭이 어명을 받고 영남으로 내려 왔을 때, 그의 명성을 듣고 만나보기를 청하였으나, "선비를 만나려고 할 때는 오라 가라 해서는 안 된다."라고 하면서 거절하였다.

1795년 32세 때 성시省試[회시會試]에 응시하였는데, 집안의 늙은 형이 함께 시험을 보다가 답안을 바꿔 달라고 간청을 하므로 주저하지 않고 주어서 대신 합격하게 하기도 하였다.

45세의 나이로 세상을 떠나자, 매죽헌梅竹軒 이택순李宅淳이 제문을 지어 애도하였는데, 가장 적절하게 표현한 말이라는 평을 받았다.

호리병 속에 달을 담은 듯, 독櫝 속에 옥구슬을 감춘 듯하니, 맞이하는 이는 눈을 휘둥그레 뜨고, 앉아 있는 이는 귀를 기울였네.

류상조柳相祚, 학서鶴棲 류이좌柳台佐, 류종목柳宗睦, 이규진李奎鎭이 동갑 친구로서 가장 막역했던 사이이다.

부인은 남양홍씨南陽洪氏로, 사간司諫 홍종신洪宗藎의 딸이다.

2남 3녀를 두었는데, 아들은 현상顯相과 생원 호상顥相이고, 사위는 류가진柳家鎭, 권병헌權秉憲, 김회수金會銖이다.

문집이 있었으나, 도난을 당하여 분실 상태이다.

라. 권현상權顯相(1782-1840)

조선 말기의 학자로, 초간의 8대손이다. 자는 숙여肅如이고, 호는 대소재大疎齋이다. 권진한權進漢과 남양홍씨南陽洪氏 사간司諫 홍종신洪宗藎의 딸 사이에서 태어났다.

입재立齋 정종로鄭宗魯의 문하에서 수학하였으며, 손재損齋 남한조南漢朝, 정와貞窩 황룡한黃龍漢을 존경하며 따랐다.

7세 때 이미 기러기 그림에 제시題詩를 지을 줄 알았고, 남들이 선배들의 편지를 가지고 글짓기를 배울 때, "문장은 사람마다 격이 있는 법인데, 군이 남을 본받으려 하는가?"라고 하였다는 일화가 있다.

15세가 되기 전에 군수郡守가 시험을 보였을 때, 장원을 하였다. 평소『대동운부군옥大東韻府群玉』과 주자朱子의『자치통감강목資治通鑑綱目』을 즐겨 읽었는데, 충忠, 효孝, 열烈 삼강三綱과 관련된 내용이 나오면, 늘 무릎을 치며 감탄하였다.

부인 진성이씨眞城李氏는 이택순李宅淳의 딸이다. 자식이 없어 아우인 권호상의 아들 주환冑煥을 후사로 삼았다.

권현상이 지방의 각종 시험에서 합격할 때의 답안지인 시권試券이다.

저서로 『대소재문집大疎齋文集』 4권 2책을 1857년(철종 8)에 아들 주환冑煥이 편집하여 목활자로 간행하였다.

마. 권주환權冑煥(1825~1893)

조선 말기의 학자로, 초간의 9대손이다. 자는 희직希直이고, 호는 금서琴棲이다. 생부는 생원 호상顥相이다. 정재定齋 류치명柳致明의 문하에서 유가서儒家書를 배웠다.

경상감영慶尙監營의 징청각澄淸閣에서 열린 복시覆試에 응시하였을 때는, 그의 훌륭한 답안과 침착한 거동을 본 주시관主試官이 감탄하여 1등으로 뽑고, 별도로 행의行誼가 있는 선비라고 하여 조정에 천거를 하였다. 이후에도 관찰사가 누차 추천을 했으나, 끝내 이루어지지는 않았다.

1868년(고종 5)에 임천서원臨川書院이 서원철폐령에 의해 훼철毁撤되자, 안동 유림에서 정촌靜村 이문직李文稷을 소수疏首로 정하여 상소를 올리고, 대궐에 나아가 부당함을 호소하였다. 정촌은 당시 대표적인 유림 인사 13인과 더불어 한양으로 올라갔는데, 금서도 그 일원으로 한양으로 올라갔다.

그 일로 인해 2년 뒤에 경상도 관찰사가 유배를 보내야 한다는 의론을 내는 바람에, 1870년(고종 7)에 전라도의 고산도高山島로 유배를 당하였다. 지금의 신안군 팔금도八禽島에 속하는 외딴 섬이다. 함께 상경했던 14인 중 7인은 전라도로, 7인은 강원도로 유배를 당하였다. 전라도로 유배를 간 7인은 이문직, 이집李瑳, 권주환權冑煥, 장구봉張九鳳, 김기영金耆永, 이병한李炳瀚, 권광하權光夏이고, 강원도로 유배를 간 7인은 이경재李絅在, 류기호柳基鎬, 이만협李晚協, 김양진金養鎭, 김헌락金獻洛, 김수락金秀洛, 이찬도李贊燾이다.

이들 14인은 유배에서 돌아와 계契를 만들었는데, 그것이 동주계同舟契이다. 현재 그 후손들을 중심으로 계를 다시 되살리자는 의론이 있다.

유배에서 돌아온 뒤에는 선대의 문적文蹟들을 정리하는 데 힘을 쏟았으며, 제사를 받드는 의절儀節을 강구하는 등 조상을 위하는 일에 진력하였다. 또한 자신을 대신하여 생가生家의 후사로 들어온 형 권장환權章煥과는 우애가 남달라, 만년까지 하루도 떨어지려 하지 않고 함께 생활하였다.

전배前配인 풍산김씨豊山金氏는 증贈 이조참판 김중하金重夏의 딸로, 1녀를 두었다. 사위는 이장호李章鎬이다. 후배後配인 여주이씨驪州李氏는 처사 이윤구李潤九의 딸이다. 아들로 정원鼎元, 진원晋遠을 두었고, 사위는 조남호趙南鎬이다.

조카 권유원權裕遠이 이만규李晩煃의 서문을 받아 목활자로 찍은 『금서유집琴棲遺集』3책이 전한다.

바. 권석인權錫寅(1898-1970)

한말의 학자이자, 독립 운동가이다. 정원鼎遠의 아들이며, 생부는 진원晋遠이다.

대나무와 연관된 마을 이름 때문인지 몰라도, 초간 자손들의 기질을 비유할 때는 늘 올곧은 대나무를 거론하곤 하였다. 흔히 '대가 세다' 는 말로 표현하지만, 자존심이 강하고, 불의를 참지 못하는 성격이라는 말이 더 적절하다고 할 것이다.

초간의 11대손인 권석인 역시 그런 가문의 기질을 그대로 물려받은 인물이었다. 1919년 승하한 고종황제高宗皇帝의 인산因山

에 참석하기 위해 상경했다가 독립만세운동을 직접 목도한 그는, 향촌에서도 적극적으로 만세운동을 전개하기로 하고, 독립선언 서를 얻어서 돌아왔다. 서둘러 족친인 권석호權錫虎(1879-1951), 권 석효權錫孝(1900-1952), 권세원權世遠(1889-1947)과 상의하여, 예천읍 장날을 이용하여 거사를 행하기로 정하였다. 독립선언서를 등사 하여 각 동리에 배부하고, 장날을 기다렸으나, 심해진 일경日警의 감시로 인해 뜻을 이루지 못하였다. 다시 4월 3일에 용문면 장날 을 틈타 수백 명의 시위 군중을 규합하여 면사무소 앞에서 태극 기를 흔들며 독립만세를 외치다가 일경에 체포되었다. 4월 9일 에 대구지방법원 안동지청에서 이른바 보안법 위반으로 징역 6 월형을 언도받고 공소를 제기하였으나, 5월 5일 대구복심법원에 서 기각되어 대구형무소에서 옥고를 치렀다.

이상의 내용은 독립운동 관련 사료들에 공통적으로 보이는 내용이다. 그런데 이 기록과는 다른 기록이 있어서, 독립운동사 적으로 다시 검토해 볼 필요가 있을 듯하다.

인근 동네에 살았던 함양박씨咸陽朴氏의 『저상일기渚上日記』 1919년 음력 3월 4일자 기록에, "금곡동 상하 마을과 죽소, 구계 동에서 일시에 만세를 불렀다고 한다."라는 내용이 있는 것으로 보아, 위 기록은 다소 오류가 있는 듯하다.

1992년에 정부에서 대통령표창을 추서하였다.

3. 혼인으로 맺어진 세의世誼

영남에서는 "종가의 혼맥은 한 다리만 건너면 다 연결된다." 라는 말을 종종 들을 수 있다. 혼맥이 그만큼 얽히고 설켰다는 의미일 것이다. 초간종가의 혼맥 또한 예외 없이 다양한 가문과 연결되어 있다. 모두 검토하기에는 제약이 있으므로, 그 중에서도 특징적인 면만 소개하도록 한다.

가. 의성김씨義城金氏와의 인연

초간종가의 혼맥에서 가장 큰 특징은 특정 가문과의 혼인이 많다는 것이다. 의성김씨와의 혼인이 대표적인 사례이다. 두 가문이 제일 처음 인연을 맺은 것은 의성김씨 천전파의 중시조인 청계青溪 김진金璡(1500-1580)의 막내아들인 남악南嶽 김복일金復一(1541-1591)이 초간의 여동생에게 장가들면서부터였다.

선대에는 의성김씨와의 혼인이 거의 없었던 것을 보면, 아마도 초간이 퇴계의 문하에서 수학할 때 동문이었던 학봉鶴峯 김성일金誠一(1538-1593)과의 교분이 인연이 된 것으로 보인다. 학봉은 청계의 넷째 아들이다.

우애가 깊었던 초간은 여동생 내외를 용문의 집에서 가까운 곳으로 불러들여 터를 잡고 살게 하였다. 여동생이 일찍 세상을 떠난 뒤에도 자신의 재산을 나누어 주는 등 생질甥姪들을 극진하게 보살폈다. 인재訒齋 최현崔晛이 그 생질서이다.

이런 인연은 초간의 손자인 극중克中이 안동 천전리에 있는 의성김씨 대종가, 세칭 '내앞 큰종가'로 장가들면서 다시 이어진다. 표은瓢隱 김시온金是榲(1598-1669)의 사위가 된 것인데, 표은은 청계青溪의 장남인 약봉藥峯 김극일金克一(1522-1585)의 손자로서, 학문과 덕행으로 이름이 높았다. 초간의 묘갈명을 지은 창설재蒼雪齋 권두경權斗經이 동서였는데, 극중에게는 외종질이 되는 인연이 겹친다.

특이한 것은 극중의 아우인 권극정權克正 역시 표은의 사위가 된 것이다. 극정이 당숙인 현鉉의 후사로 가서 6촌 재종형제가 되기는 했지만, 생가로는 친형제인 것을 감안하면 겹사돈이나 다름없었다.

　더 주목할 것은 표은의 며느리 역시 예천권씨라는 것이다. 초간의 재종제인 문계文啓의 증손녀인데, 권극중과의 촌수를 굳이 따져보면 11촌 간이다. 요즘은 촌수를 계산하기 어려운 사이일 수 있지만, 옛날로 보면 이 정도 촌수는 그리 멀게 느껴지지 않던 사이였다.

　표은의 아들 김방형金邦衡은 또 죽소의 매형인 김경후金慶後의 사위이다. 그 아들인 적암適庵 김태중金台中(1649-1711)은 11살의 나이에 아우와 함께 외조모의 친정이자, 고모의 시댁인 예천으로 와서 고모부인 극중에게서 3년 정도 수학하였다.

　의성김씨와의 인연은 여기서 끝나지 않는다. 극중의 장남 또한 청음淸陰 김상헌金尙憲과 함께 척화신斥和臣으로 이름이 높았던 불구당不求堂 김왕金迬의 딸에게 장가를 들었다. 천전川前의 김씨와는 상계上系가 다르고, 죽림리와 이웃 동네인 구계리九溪里에 살았다.

　그런데 극중의 둘째 아들 호昈의 아들인 봉문鳳文도 불구당의 손녀에게 장가들었다. 이런 것을 보면 당시로서는 겹사돈이 자연스러운 일이었던 듯하다.

　초간의 6대손인 응탁應鐸, 그 현손인 정원鼎遠, 또 그 손자인 대원大源 역시 의성김씨와 혼인을 하였던 것을 보면, 두 가문의 인연이 남다른 것만은 틀림없다.

나. 충재종가冲齋宗家와의 인연

또 하나 재미있는 인연이 있는데, 바로 충재 권벌의 종가와 얽힌 인연이다. 초간의 아들 죽소 권별의 부인은 안동권씨安東權 氏로서, 충재冲齋 권벌權橃의 손자인 권래權來의 딸이다.

둘째 동서가 대사헌을 지낸 풍산김씨 망와忘窩 김영조金榮祖 인데, 경암敬庵 노경임盧景任이 이 둘의 사돈이었다. 경암의 장남 노세겸盧世謙은 망와의 사위이고, 차남 노세양盧世讓은 죽소의 사 위였다.

경와敬窩 김휴金烋가 노경임의 사위였는데, 이런 혼맥을 감안 하면, 그가 신라 이후에 저술된 670여 종의 고문헌을 해제解題한 『해동문헌총록海東文獻總錄』을 저술할 때 많은 도움을 받았을 것 으로 보인다.

그 후 망와의 8세 주손인 동소桐巢 김중하金重夏의 딸이 다시 죽소의 8대 종손인 권주환의 부인이 되었으니, 양가의 인연 또한 깊다고 할 수 있다.

2000년에는 초간종가의 종녀 권재정權在淨이 다시 충재종가 종손의 장남인 권용철權容轍과 결혼을 하였다. 근 400년이 흐른 뒤에 선조비先祖妣의 친정으로 시집을 간 것이다.

제3장 **부자**父子**, 우리 역사를 기록하다**

문집에서 흔히 보이는 말 중에 기구箕裘라는 말이 있다. 이는 『예기禮記』에서 "훌륭한 야공冶工의 아들은 그 아버지의 하는 일을 보고 배워 반드시 갖옷[裘]을 만들 줄 알고, 활을 만드는 궁인弓人의 아들은 그 아버지의 하는 일을 보고 배워 반드시 키[箕]를 만들 줄 안다."라고 한 것에서 나온 것으로, 자손이 조상의 유업을 잘 잇는 것을 칭송하는 말이다.

바로 초간과 그 아들 죽소 권별 부자의 경우가 이 말에 가장 잘 어울리는 사례가 아닐까 싶다. 아버지는 우리나라 최초의 백과사전인 『대동운부군옥』을 저술하였고, 그 아들은 아버지의 저작을 바탕으로, 거질의 인물사전인 『해동잡록』을 완성하였기 때문이다.

이 책들은 초간 부자의 평생에 걸친 역작이다. 문집이 단순히 저자의 저술들을 모아서 엮은 것이라면, 이 책들은 우리 역사의 보존과 전수라는 뚜렷한 목적을 가지고 편찬한 책이다. 이 두 저술을 보면 예천권씨 초간종가의 가학은 사학史學이라고 해도 과언이 아닌 듯하다.

1. 『대동운부군옥大東韻府群玉』

'우리나라 최초의 백과사전'

이 책에 대한 소개를 할 때면, 늘 따라 나오는 수식어다. 책의 성격을 더할 수 없이 잘 설명한 말이지만, 요즘 흔히 볼 수 있는 사전처럼 해설 위주의 책은 아니다. 초간은 이 책으로 인해 사학자로서의 위상을 확고히 굳혔다. 과거에도 그랬고, 지금도 그렇다. 이 책이 갖는 의미가 단순히 백과사전에 머물지 않기 때문이다. 이 책은 일종의 역사서이기도 하다.

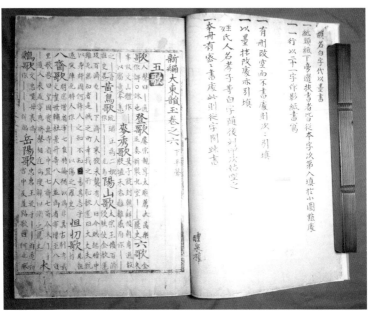

종가에서 소장하고 있는 『대동운부군옥』의 초고본이다. 보물 제898호이다.

가. 책의 가치

이 책에 대해서 자세히 알아보기 전에, 이 책의 가치를 알아
보는 것이 우선되어야 할 듯하다. 무엇 때문에 한국학 연구자들
이 이 책을 그토록 높이 평가하는 것인가? 이 책이 없었으면 현재
의 한국학 연구에 어떤 영향을 미쳤을까? 그에 대해 먼저 알아보
고, 내용적 특성, 간행 경위, 실제 이용사례, 제가諸家의 평가 등을
살펴보도록 한다.

첫째, 고유의 소중한 고대 설화를 잃어버렸을 것이다. 설화는 한 민족의 정신세계와 문화가 온전히 녹아 있는 귀중한 문화유산이다. 특히 시간적 거리, 기록 자료의 한계 때문에 파악하기 힘든 고대인의 삶을 설화를 통해서 엿볼 수 있다.

『대동운부군옥』에는 다양한 고대 설화가 실려 있다. 그 중 대부분은 현재 『삼국유사』 등 다른 기록에서는 발견할 수 없는 고유의 내용들이다. 오직 『대동운부군옥』에 인용된 『수이전殊異傳』의 내용에만 전하는 것이다. 예를 들어보면 아래와 같다.

- 수삽석남首插石枏 설화: 신라사람 최항이 죽었다가 환생하여 부모의 반대로 못다 한 첩과의 사랑을 이루었다는 내용
- 죽통미녀竹筒美女 설화: 대나무 통 속에 미녀를 넣고 다니는 사람을 김유신金庾信이 만났다는 내용
- 노옹화구老翁化狗 설화: 김유신이 어떤 노인에게 전생의 모습을 보여 달라고 하자, 범, 닭, 매, 강아지로 변하여 나가 버렸다는 내용
- 선녀홍대仙女紅帒 설화: 신라의 최치원崔致遠이 중국에서 무덤 속 두 여인과 시를 주고받으며 어울렸다는 내용

현대시인인 미당未堂 서정주徐廷柱가 「머리에 석남꽃을 꽂고」라는 시를 지으면서, 위의 설화 중 하나인 수삽석남 설화를 모티브로 하였다고 술회한 것을 보면, 이 책이 없었을 때 얼마나 많은 것을 잃을 수 있었을지 알 수 있다.

둘째, 중요한 도서의 서명과 내용이 사라졌을 수 있다. 이 책은 임진왜란 이후 소실된 서적의 편린이나마 엿볼 수 있어서 서지학적으로 매우 중요한 가치를 지닌다. 이를테면 『신라수이전新羅殊異傳』, 유희령이 편찬한 『대동시림大東詩林』, 『대동연주시격大東聯珠詩格』 등 인용문헌 중 수십 종 가량이 현재 사라지고 없는 이른바 일서逸書라는 사실은 주목할 만하다.

특히 『수이전』 같은 책은 신라의 설화를 기록한 것으로, 원전의 인용에 있어서 추호의 가감도 하지 않으려고 하였다는 『대동운부군옥』의 범례凡例를 감안하면, 산일된 원전의 면모를 복원할 수 있는 귀중한 의의가 있다.

셋째, 이 책을 바탕으로 한 후속 작업이 이루어지지 못했을 수도 있다. 초간의 아들인 권별이 편집한 인물사전 『해동잡록』은 고대 인물사 연구에 있어서 매우 중요한 저술이다. 이 저술은 『대동운부군옥』 소재의 인물을 바탕으로 한 것으로, 『대동운부군옥』이 없었더라면 저술될 수 없었다고 해도 과언이 아니다.

넷째, 중요한 인물, 고대 지명이나 고유의 동식물명, 방언方言 등이 사라졌을 수도 있다.

신라 때에는 방언이 많았다. 황당무계한 것에 가깝더라도 또한 버리지 않고 기록한 것은 당시의 거친 세도와 인물의 순박함을 그것을 통해 살펴볼 수 있기 때문이다.

민간의 속담이 조금이라도 권계勸戒에 관련이 있으면, 또한 빠짐없이 수록하여 풍속 교화의 성쇠를 증빙할 수 있게 하였다.

범례에 포함되어 있는 표현이다. 격조 있는 고급문화만을 중시하였다면 절대 전해지지 못했을 내용들이 이 책을 통해 전해질 수 있었다는 것을 알 수 있다.

국어학이나 사학적 의미는 말할 것도 없고, 특정 성씨에게는 문중사적인 의미도 크다. 예를 들면, 진주강씨晉州姜氏의 시조인 강이식姜以式 장군의 경우를 들 수 있다. 그는 고구려의 명장으로, 597년(영양왕 8) 수隋나라가 중국 대륙을 통일한 뒤, 문제文帝가 무례한 국서國書를 보내오자, 5만의 정병을 이끌고 참전하여 수나라 군대를 격파하였다는 전설이 있다. 그러나 『삼국사기三國史記』나 『구당서舊唐書』 등 정사正史에서는 그의 이름이 발견되지 않는다.

고구려 때 강이식이 병마원수兵馬元帥가 되어 수나라 군대를 막았는데, 그 후손이 나뉘어져 두 파가 되었다. 하나는 병부상서兵部尙書 강민첨姜民瞻의 후손이고, 다른 하나는 국자박사國子博士 강계용姜啓庸의 후손이다. 또 호장戶長 강령경姜令京의 후손도 있다.

강씨로서는 시조의 존재를 확인할 길이 없었는데, 고대사에 밝았던 초간이 『대동운부군옥』에 남긴 이 기록을 근거로 삼을 수가 있게 된 것이다.

현재 목판 및 판본이 보물 제878호로 지정되어 있다.

나. 제가諸家의 평가

그렇다면 이 책에 대해서 대가들은 어떤 평가를 내렸을까? 서문이나 발문 등을 보면 상투적으로 하는 찬사가 아니라, 정확한 근거를 가지고 평가하고 있음을 알 수 있다. 이런 평가를 시대순으로 살펴보도록 한다.

학사鶴沙 김응조金應祖는 『대동운옥』 발문跋文에서 이렇게 말했다.

옛날에 범조우范祖禹가 『당감唐鑑』을 지었을 때, 이천선생伊川
先生이 "삼대三代 이래로 이만한 의론이 없었다."라고 하였다.
나 또한 말한다. "우리나라가 생긴 이래로 이만한 의론이 없었
고, 또한 이만한 문적이 없었다."

목재木齋 홍여하洪汝河 역시 『해동잡록海東雜錄』의 발문에서 말했다.

내가 일찍이 동국의 저술을 평론하면서, 초간의 이 책을 제일 이라고 여겼다.

홍여하는 역사에 조예가 깊어 『휘찬여사彙纂麗史』, 『동사제 강東史提綱』 등의 역사서를 저술했던 인물이다. 그런 그가 당시까 지 전해지던 많은 저술 가운데 유독 『대동운부군옥』을 제일로 꼽 은 것은 우연이 아니다.

김응조와 홍여하가 이런 평가를 내리게 된 이유는 크게 두 가지이다. 하나는 우리나라의 역사서, 교화 자료로의 가치가 높 았기 때문이었다. 중국의 『운부군옥韻府群玉』이 시문 창작에 참고 할 수 있는 사전의 성격이 강했던 것에 비해, 『대동운부군옥』은 우리나라의 고대 역사를 방대하게 수집하고 정리해 놓았다. 또 한 효자, 충신의 행적 등 세상의 교화에 도움이 될 수 있는 내용 들을 추가적으로 수록하였다. 이런 것들을 높이 산 것이다.

다른 하나는 넓은 학문과 정밀한 식견이 바탕이 된 저술이기 때문이었다. 당시로서는 개인이 쉽게 구하기 어려운 방대한 분 량의 도서를 수집하고, 그 도서들을 일일이 숙독한 다음, 중요한 항목들을 추려내는 것은 단순히 기계적으로 가능한 일이 아니었기 때문이다.

서문을 쓴 해좌海左 정범조丁範祖는 이 책의 저술 과정에서 겪었을 어려움에 주목하고 있다.

> 이 책을 지을 때 세 가지 어려움이 있었을 것이다. 동국의 풍속이 거칠어 문헌이 많이 남아있지 않으니, 널리 수집하는 것이 첫 번째 어려움이었을 것이다. 깊이 생각하고 세심하게 연구하여 여러 해가 지나서야 완성을 하였으니, 전일하게 공력을 쏟는 것이 두 번째 어려움이었을 것이다. 잡된 것을 버리고 순수한 것을 보존하여 권선징악의 뜻을 은연중에 담았으니, 식견이 정밀해야 하는 것이 세 번째 어려움이었을 것이다. 참으로 총명聰明하고 박달博達한 초인적인 재주를 지니지 않았다면 어떻게 이와 같이 할 수 있었겠는가?

사실 이 정도 분량의 저술을 개인이 해냈다는 것은 놀라운 일이다. 기술이 발달한 현대에도 쉽게 이루기 어려운 작업이다. 정범조의 서문은 이런 어려움을 압축적으로 잘 표현하고 있다.

다. 내용적 특징

『대동운부군옥』이라는 제목은 대동, 즉 '위대한 우리나라'

의『운부군옥』이라는 뜻이다.

　중국의『운부군옥』은 원元나라의 학자 음시부陰時夫가 엮은 책이다. 일설에는 저자의 이름이 음시우陰時遇, 또는 음경현陰勁弦이라고도 전한다.

　『운부군옥』은 괘卦 이름, 서편書篇, 시편詩篇, 연호年號, 세명歲名, 지리, 인명, 성씨, 초목명草木名, 금수명禽獸名, 어류명魚類名, 곤충명昆蟲名, 음악 등의 다양한 항목을 설정하고, 각종 사례들을 운자韻字에 따라 분류한 것이다.

　그에 비해『대동운부군옥』은 그 체제와 권차卷次를 그대로 계승하면서, 항목과 내용만 우리나라 고유의 것을 반영할 수 있도록 대체하였다. 즉, 지리, 나라이름, 성씨, 인명, 효자, 열녀, 수령守令, 신선명神仙名, 목명木名, 화초명花草名, 금명禽名 등 11가지 항목을 운자별韻字別로 분류하였다. 상고시대로부터 조선 초기까지 저술된 우리나라와 중국의 문헌 중에서 우리나라와 관련이 있는 것만을 수록대상으로 하였다.

　『운부군옥韻府群玉』을『운옥韻玉』이라고 약칭하는 것처럼,『대동운부군옥』도『대동운옥』으로 약칭하기도 한다.

　표제어는 요즘의 사전이 가나다순으로 배열한 것과 같다. 다만, 옛날에는 한글이 아니라 한자였으므로 한자의 순서대로 배열한 것이 다를 뿐이다. 한자의 순서대로 배열하는 방식은 부수에 의한 방식과 운자의 순서에 따른 방식이 있다.『대동운부군옥』이라는 서명의 운부라는 말에서 알 수 있듯이 운자에 따른 배열방식을 취하였다. 운자는 108개 또는 106개가 있는데, 『대동운부군옥』에서는 106개의 운자를 취하였다.

　전체의 구성은 평성平聲 30운, 상성上聲 29운, 거성去聲 30운, 입성入聲 17운의 총 106운으로 나누어져 있다.

　기술 방식은 수집한 자료를 내용별로 분류한 다음, 표제어를 추출하고, 그 표제어의 끝 글자가 속한 운목韻目으로 이동시켜 항목을 정하였다. 그리고 그 항목 아래에 관련 원문을 소자小字로 된 쌍항雙行 협주夾註 방식으로 수록하고, 원문 끝에는 출전을 표시하였다. 지리, 나라이름 등의 유목은 음각陰刻하여 쉽게 눈에 띄도록 표시하고, 쌍항으로 주석을 달았다.

【동(東)】
봄직인다는 뜻이다.
봄을 가리키는 방위
이다.

정동(征東) : 진나라 황제
가 고구려 평양 땅을 정동
장군 낙랑공에 봉했다.[남
사]

각 면은 10행으로 되어 있고, 협주는 1항에 20자를 원칙으로 하고 있다. 매 표제어의 끝 글자로 쓰인 한자의 수는 총 6,100여 자이다.

라. 완성과 간행

『초간일기』에 의하면 1589년, 56세 때 대구부사大丘府使로 있을 때 정서를 완료하였다. 필사 수준별로 상, 중, 하 3부를 베껴두었는데, 이때 만약 3부를 베껴두지 않았다면 이 책은 세상에 전해지지 않았을 수도 있었다. 2부가 화재와 병란으로 인해 사라져 버렸기 때문이다.

연보에 의하면, 이 책이 완성된 해 8월에 성주에 있는 한강寒岡 정구鄭逑를 방문한 적이 있는데, 그때 한강이 책을 빌려주기를 청하였다.

우리 중씨仲氏인 서천상공西川相公께서 매번 공이 사학史學에 해박하다고 칭찬을 하셨습니다. 근래에 듣기로 공께서 『대동운옥』을 완성하셨는데, 세상의 교화에 도움이 될 만하다고 하더군요. 한 부를 빌려서 비루한 저의 식견을 넓히고 싶습니다.

처음에는 사양하다가 끝내 거절할 수 없어서 빌려주었는데,

마침 한강의 집에 화재가 나는 바람에 모두 불타버렸다.

그 후 58세이던 1591년 7월에 초간은 승정원동부승지로 재직하고 있었는데, 퇴계退溪 문하의 동문으로, 성균관대사성으로 재직하고 있던 학봉鶴峯 김성일金誠一이 찾아왔다. 연보에 의하면, 이때 학봉이 『대동운부군옥』에 대한 소문을 듣고, 열람해보고 싶다고 한 번 보여주기를 청하였다.

> 학봉이 말하기를, "공이 달성達城에 계실 때, 『대동운옥』이라는 책을 찬술하셨다고 하니, 한 번 읽어보고 싶습니다."라고 하니, 선생이 한 질을 꺼내서 보여주었다. 학봉이 감탄하며 말하기를, "이 책은 사가私家의 문자文字로 그쳐서는 안 됩니다. 실로 세상의 교화에 도움이 될 수 있으니, 제가 임금께 아뢰어 국학國學에서 인쇄하여 널리 전하게 하겠습니다."라고 하였다. 훗날 학봉이 옥당玉堂의 관장이 되었을 때 한 부를 가져다가 장차 계달啓達하여 간행하려고 하였으나, 곧 왜란이 일어나는 바람에 분실하였다.

근래에 해월海月 황여일黃汝一의 수택본手澤本이라는 낙질 일부가 고서 유통업계에 나타났었는데, 학봉이 가지고 갔던 본의 일부인 것으로 추정된다. 해월은 학봉의 조카사위이므로, 가능성이 없는 것은 아니다.

종가 문적에 전재되어 있는 이가환의 『대동운부군옥』 서문

　이러한 위험을 경험한 초간의 아들 권별權鼈은 나머지 한 부
마저 사라지게 될 것을 우려하지 않을 수 없었다. 그리하여 정산
서원鼎山書院 원장으로 있을 때 글씨를 잘 쓰는 경내의 선비들을
모아 한 부를 베끼게 하여 서원에 보관해 두었다.

　그 후 1655년에 김응조金應祖의 발문을 받았는데, 이로 보면
간행하려는 시도가 있었던 듯하나, 실제 착수는 하지 못하였다.
보다 구체적인 움직임은 1795년에 금대錦帶 이가환李家煥(1742-
1801)의 서문, 1798년에 해좌海左 정범조丁範祖의 서문을 받았을 때
보인다.

　이가환의 서문은 무슨 이유에서인지 현재 『대동운부군옥』
에 실려 있지 않다. 문중 차원에서 이가환에게 서문을 요청한 것

은 분명하다. 이가환의 서문에 의하면, 1795년 7월에 자신이 충주목사忠州牧使에 보임되었을 때, 초간의 자손 중에 누군가가 『대동운부군옥』을 싸들고 서문을 청하기 위해 찾아왔다고 하였기 때문이다. 유포되지 않은 거질의 책을 가지고 찾아가 서문을 청할 리는 없는 것이다. 또한 종가 가장家藏 문서첩에 두 편의 서문이 모두 전재되어 있다.

혹자는 이가환이 서학西學, 즉 천주교에 연루되어 문제가 있었기 때문에 채택하지 않았다고 하는데, 그것보다는 서문의 내용이 흡족하지 않았기 때문으로 보인다.

이가환에게 서문을 받은 해는 1795년이고, 정범조의 서문은 1798년에 받았다. 1795년은 이미 충주忠州에 서학西學이 융성하여 속죄의 의미로 발령을 낸 상황이므로, 이가환이 문제가 있어서 서문을 채택하지 않았다는 추정은 무리가 있다.

더구나 정범조의 서문을 받기 한 해 전인 1797년에는 한성판윤漢城判尹으로 승차陞差하기까지 했으므로, 굳이 천주교 문제로 서문을 채택하지 않을 이유가 없었던 것이다.

1812년(순조 12)에 자손들이 『초간선생문집』을 간행하면서 함께 간행하려고 하였으나, 역시 사정상 착수를 하지 못하였다. 비용 문제가 가장 큰 원인이었겠으나, 그에 못지않게 이 책의 일부 내용 때문에 방해를 받았기 때문일 것으로 추정할 수도 있다.

조선 말기의 학자로, 퇴계의 후손인 이가순李家淳의 『하계수

록霞溪手錄』에서 관련 내용을 살펴볼 수 있다. 제목은 「저희운옥
간사沮戲韻玉刊事」이다.

『대동운부군옥』을 장차 목판에 새기려고 할 때, 병산서원屛山
書院의 유생 이여구李汝龜, 이여적李汝迪 등이 그 선조 송재松
齋 이우李堣의 사실이 '두竇' 자 항목의 아래에 들어있다고 하
여 통문通文을 돌려 기어코 목판을 부수려고 하였다.
그 전에 여구의 부친 이진동李鎭東은 초간의 사손祀孫인 권응
탁權應鐸과 교분이 두터웠다. 그리하여 송재의 주석을 깎아내
고쳐달라고 간청을 하니, 권씨가 부득이 본서本書 속에서 지워
버렸다. 이에 진동이 재배하면서 감사의 예를 표하였고, 그 아
들 여간汝幹이 지은 권응탁의 아들 권진한權進漢의 만사輓詞에
도, "선조의 유고를 고치는데 인색하지 않으셨네[先稿不吝改]."
라는 표현이 있다.
근래에 여구 등이 마침내 권씨 일문이 모두 호론虎論을 주장한
다는 것 때문에, 그 돌아가신 부형父兄이 선조先祖로 인해 감명
感銘을 받았던 본뜻을 까맣게 잊은 채, '두竇' 자 아래의 어구가
아직 삭제되지 않았다는 것을 핑계로 초간을 모욕하고, 반드
시 『운옥韻玉』을 간행하는 일을 저지하고 희롱하고자 하면서,
여러 해 동안 그치지 않았다.

『대동운부군옥』의 목판. 종가 백승각에 보관되어 있다.

　『대동운부군옥』 초고본의 퇴계의 숙부인 이우李堣와 관련한
조항에는, 연산군 때 승지로 재임하다가 반정군反正軍을 피해 하
수로[水竇]를 통해 도망친 일로 당시 사람들에게 조롱을 받았다는
기록이 있다. 그 기록으로 인해 후손가의 항의가 목판으로 간행
할 때까지 이어져, 결국 목판으로 새길 때는 관련 내용을 삭제하
였는데, 여전히 그 일을 문제 삼고 있었다는 것을 보면, 간행의
지연이 단순히 경제적인 문제 때문이 아니라는 것을 미루어 알
수 있다. 이런저런 사정으로 미루어지던 간행 작업은 결국 1836
년(헌종 2)에 와서 완성을 보게 된다.

　그런데 간행을 앞두고 두 번이나 세상에서 사라져버릴 뻔한
일이 있었다. 한 번은 초간정에서 교정을 볼 적에 큰 물난리가 났
을 때였다. 곁에 딸린 주사廚舍가 무너지고 정자만 물속에 남았는

데, 다행히 언덕 위쪽에서 큰 나무를 쓰러뜨려 그것을 타고 밖으로 빠져나올 수 있었다고 한다.

또 한 번은 용문사龍門寺의 승려들을 동원하여 목판을 새기는 작업을 시작하다가 불이 나는 바람에 소실될 뻔하였다. 당시 절에 우연히 불이 나서 불사佛舍가 모두 불타버렸는데, 승려들이 목판을 새기는 일 때문에 생긴 일이라고 하여 책을 모두 불 속으로 집어던지려고 하였다. 그때 일을 주관하던 청간聽澗 권옥상權玉相이 울부짖으며 간곡히 말려서, 겨우 온전하게 보존할 수 있었다고 한다.

그 후 1914년에 이 책의 가치에 주목한 최남선崔南善이 조선광문회朝鮮光文會에서 신활자로 제1-9권까지 분책, 간행하다가 중단하였다. 해방 후 1950년에는 정양사正陽社에서 초간본에 색인을 붙여 단권 양장본으로 영인을 하였다.

2007년에 경상대학교 남명학연구소南溟學研究所에서 한글로 완역을 하였다.

마. 이용 사례

이 책은 정식으로 간행되기 이전부터 이미 많은 사람들이 열람 및 인용을 하였던 듯하다. 현재 전해지고 있는 목판본은 1836년(헌종 2)에 간행되었는데, 그보다 1682년(숙종 8)의 기록에 이미 인용되고 있다.

지리적으로나 당파적으로나 교류가 전혀 없었을 소론少論의 영수 남계南溪 박세채朴世采가 『대동운부군옥』의 내용을 근거로 편지를 보낼 정도라면, 이 책이 일찍부터 이용되고 있었음을 알 수 있다.

> 성선생成先生의 호는 『대동운옥大東韻玉』에는 또 '독서암讀書庵' 이라고 하였습니다. 그러나 그것이 한때 칭했던 것이 아니라고 어찌 장담하겠습니까? … 그 관향貫鄕에 대해서는 마침 『대동운옥』에 기록된 것을 참고하여 아래에다 적었으니, 부디 살펴보시기 바랍니다.

오히려 근기남인近畿南人의 대표적 인사로 영남의 학자들과 교류가 많이 있었을 이가환이 이 책에 대해 모르고 있었다는 것이 이상할 정도다.

> 일전에 내가 조정에 있을 때였다. 조정의 사대부 중에 옛 일에 관심이 많은 자가 내게 『대동운옥』에 대해 물었는데, 나는 실은 그때까지 보지 못했었다. 즉시 스스로 그 고루함을 병통으로 여겨 돌아서 동인同人들에게 물어보았더니, 어떤 사람이 "이는 초간草澗 권공權公이 찬술한 것이다. 대개 동국의 고사

를 널리 채집하여 원元나라 음씨陰氏의 『운부군옥韻府群玉』을 모방하여 편성한 것이다."라고 하였다. 그래서 나는 일단 그것이 『운부군옥』의 아류 정도일 것으로 믿었다.

이 서문은 조정의 사대부들과 주변 사람들은 『대동운부군옥』의 존재를 알고 있었다는 것과, 이가환은 그때까지 알지 못했다는 것을 동시에 보여준다.

조선 말기에는 이미 이 책이 널리 퍼져서 이용되고 있었다. 척암拓菴 김도화金道和가 지은 지려芝廬 김상수金常壽(1819-1906)의 묘갈명墓碣銘에 실린 내용에서 그런 정황을 살펴볼 수 있다.

일찍이 『대동운옥』 중에서 충忠, 효孝, 열烈 세 가지 행실과 관련된 내용을 뽑아내어, 모아서 하나의 책으로 만들어 교화에 도움이 되게 하였다.

2. 『해동잡록海東雜錄』

초간의 아들인 권별權鼈이 엮은 14권 14책의 인물자료집이
다. 구체적으로는 『대동운부군옥』의 내용을 바탕으로 조선 전기
이전까지 왕조의 임금별 치적 및 드러난 인물들, 특히 벼슬을 한
인물들을 망라하여 선정하고, 관련 일화들을 다른 책에서 보충하
여 완성한 인물설화사전이다.

정식으로 간행을 준비하지 않았기 때문에 서문은 첨부되어
있지 않지만, 『초간집』 부록에 실린 목재木齋 홍여하洪汝河의 발문
에서 이 책의 성격과 의의를 알 수 있다.

초간의 윤자胤子인 죽소공이 『대동운부군옥』에서 주요한 일들

종가 백승각百承閣에 소장된 『해동잡록』 초고본

을 뽑아내어 성씨의 아래에 붙이고, 다른 책에서 보충하여 사례를 정밀하고 풍부하게 한 다음, 『해동잡록』이라고 이름을 붙였다. 그 사실은 때로 역사서 이외의 것에서 나온 것들이 있는데, 쌓여서 모두 수십 질이 되었다. 공이 지금 80세의 연세로 편안하게 지내시면서, 문을 닫고 손님을 사양한 채, 이 책을 펼쳐 읽으며 조금도 쉬지 않고 계신다.

대개 음죽야陰竹野가 아들 부춘復春의 『운부韻府』의 서문을 쓸 때가 84세였다. 지금 죽소공의 가문, 이룬 사업, 수명을 보면 대략 서로 부합하니, 우연이 아닌 듯하다. 그러나 이 책은 실로 동방의 사학에 보탬이 될 수 있으니, 어찌 다만 음씨 부자가 구구하게 달빛 아래 빛나는 이슬 같은 문장들을 모아놓은 것과 같은 정도에 그칠 뿐이겠는가?

중국의 『운부군옥』이 단순히 문장이나 사실의 채록이라면, 『대동운부군옥』과 『해동잡록』은 동방의 역사를 뚜렷한 역사의식 아래 주체적으로 수용하였다는 찬사이다.

체제는 크게 국가별 역사와 인물 열전으로 구성되어 있다.

역사는 각 왕조별로 국가의 계승과 역대 왕들의 치적을 기술하고 있다.

권1에는 단군檀君, 기자箕子, 위만衛滿, 삼한三韓에서부터 신라, 고구려의 역대 왕들에 대해 기록하고 있다.

권2에는 백제의 역대 왕, 고려의 태조太祖에서부터 강종康宗까지의 역사를 기록하였다.

권3에는 고려 고종高宗부터 궁예弓裔, 권훤甄萱, 말갈靺鞨, 거란契丹, 몽고蒙古, 왜倭까지의 역사를 수록하고 있다.

인물 열전은 권4부터 시작되는데, 신라인 66명, 고구려인 21명, 백제인 8명, 궁예의 부하 3명, 고려인 484명, 조선 전기 인물 364명, 효자 155명 등 모두 1,101명을 수록하였다.

권4에는 삼국의 인물과 궁예의 부하들, 권5부터 권9까지에는 고려의 인물들을, 권10부터 권14까지는 조선의 인물들을 수록하고 있다. 권5 이후로는 성씨별로 기록하였으므로, 역사적인 선후와는 일치하지 않는다.

한 면당 12항으로 되어 있고, 한 행당 자수는 다소의 차이가 있지만, 기본적으로 22자를 원칙으로 하고 있다.

인물편의 경우에는 인물의 성명을 기록하고, 항을 바꾸어 인물의 본관, 자, 호, 출신지, 과거, 시호 등 개괄적인 것을 제시하고, 인물과 관련된 일화는 'ㅇ' 표시로 구분한 다음 제시하였다.

그리고 주세붕周世鵬 등 학문으로 이름난 인물이나, 박팽년朴彭年 등 절의로 이름난 인물에 대해서는 그들의 시문을 특별히 제시함으로써, 개인의 현창은 물론, 교화에도 도움을 주고자 하였다.

협주夾註는 소자小字 쌍항雙行으로 처리하고 있다. 각 항 사이에 작은 글씨로 추보된 것이 있는데, 필적이 다른 것으로 보아, 저자가 교정사항을 기입하였다기보다는 후대에 해당 인물의 자손들이 청탁하여 추가한 것으로 보인다.

모본母本이라고 할 수 있는 『대동운부군옥』은 운자별로 분산되어 있어 인물에 대해 일람하기 어려운 면이 있었으나, 『해동잡록』에서는 각 성씨별로 구분을 하였으므로 열람이 쉬운 장점이 있다.

이 책의 가치는 인용 서목에서도 나타난다. 『대동운부군옥』에 보이는 인용서목과 거의 일치하고 있다. 초간이 수집해 두었던 자료를 거의 그대로 물려받았기 때문이다. 광범위하게 인용한 문헌은 임진왜란 이전까지 전해지던 우리 전통 서적들의 규모를 살피는 데 큰 도움을 주고 있다.

특히 상고사와 관련해서는 「동명왕편東明王篇」, 「제왕운기帝王韻紀」와 같은 비非 정사正史 자료들도 과감히 인용하고 있다. 이러한 내용들은 훗날 상고사를 연구하는 학자들에게 중요한 근거를 제시하고 있다. 또한 정사류正史類에서 담을 수 없는 야사의 내용들을 많이 채록하고 있어서, 자칫 잃어버릴 뻔했던 인물들의 개인 일화를 잘 살필 수 있다는 것도 이 책이 지닌 장점이다.

한 예로 초간의 종조부인 수헌睡軒 권오복權五福의 일화를 보도록 한다. 수헌이 무오사화 때 극형을 당하여 임시로 묘소를 조성하는 바람에, 당시 그 위치가 후손들에게 정확히 전하지 않고 있었다. 죽소 때에는 그와 관련한 일화가 자손가에 전해졌던 것 같다.

천계天啓 연간에 어떤 사람이 상喪을 당해서 과천果川 땅에 산소를 정하였다. 곁에 오래된 산소가 있었는데, 바로 수헌공의 산소였다.

일을 시작한 지 며칠 지나서 그 아들 한 사람을 시켜 일을 감독하게 하였는데, 일이 끝날 무렵에 잘못하여 오래된 산소 앞의 섬돌 몇 조각을 뽑았다. 그날 밤 꿈에 붉은 도포를 입은 장자長

著가 오래된 산소로부터 나왔는데 노여운 빛이 있는 듯하였
다. 그 사람이 자신도 모르게 앞으로 나아가 절하고 성명을 물
었더니, 장자가, "나는 바로 한림翰林 권 아무개이다."라고 답
하였다. 이어서 오래된 산소를 가리키며, "저것이 내 집인데,
요사이 일꾼들이 내 집을 밟고 올라서고 내 섬돌을 뽑아내어,
나로 하여금 편안치 못하게 하고 있다. 자네가 어찌하여 꾸짖
어 금하지 않았는가? 운운."이라고 하였다.

그 사람이 또한 유자儒者로서, 평소에 공의 사적을 알고 있었
으므로, "공께서는 「항우부도오강부項羽不渡烏江賦」라는 글을
지으신 분이 아니십니까?"라고 물으니, 장자가 "그렇다. 운
운."이라고 하였다. 그 사람은 알겠다고 하면서 물러났는데, 놀
라 깨어보니 온몸에 땀이 가득하였다.

이튿날 몸소 오래된 산소로 가서 실제로 그 섬돌 몇 조각이 뽑
혀 있는 것을 보고는 크게 기이하게 여기고, 곧 일꾼을 시켜 돌
이 빠진 곳을 도로 보수하게 하고, 글을 지어 제사를 지냈다.

"철인哲人의 정령精靈이 한 줌 흙에 의지하여, 백 년 뒤에도 능
히 사람을 감동시키니, 이러한 경우는, '죽었어도 죽지 않은
것이다.' 고 말할 만합니다."라고 하였다.

을축년 가을에 진사進士 이발곤李發坤이 성균관에 있었는데,
함께 성균관에 있던 서울 사는 사람이 이런 사실을 전해 주었
으며, 이른바 상喪을 당했다는 사람은 바로 그 사람의 사촌이

라고 하였다.

이를 통해 죽소가 『해동잡록』을 저술하면서, 얼마나 다양한 일화를 수집하고자 노력하였는지를 알 수 있다.

『대동야승大東野乘』은 영조英祖 연간에 편찬된 것으로 추정되는 대규모의 야사자료집인데, 그 책에서 『해동잡록』의 조선조 인물들에 대한 기록을 그대로 전재하고 있다. 이후 이 책의 존재를 알게 된 해당 후손들이 자신의 선조에 대한 보충 설명이나 불리한 내용의 삭제를 요구한 것으로 보인다. 지금 두주頭註나 간주間註 형태로 필체가 다르게 추가 기록되어 있는 것들이 바로 그 증거이다.

조선총독부朝鮮總督府 발행의 『고선책보古鮮册譜』와 프랑스의 동양학자인 모리스 쿠랑Maurice Courant(1865-1935)의 『조선서지朝鮮書誌』 등에서 『해동잡록』을 소개하고 있으며, 단재丹齋 신채호申采浩는 『조선상고사朝鮮上古史』에서 『해동잡록』의 상고사 관련 기록을 그대로 인용하고 있다.

『죽소일기』와 함께 경상북도 유형문화재 제170호로 지정되어 있다.

제4장 부자父子, 자신의 생활을 기록하다

일기는 개인의 일상적인 경험이나 주변의 사실에 대한 사적인 기록이다. 요즘은 일기가 남이 보아서는 안 되는 비밀스런 것으로 여겨지지만, 옛날에는 후일에 참조하기 위한 비망기에 가까웠다. 그러나 오랜 시간이 지난 뒤에는 역사의 일부가 되기도 한다. 공식적인 역사서에서는 다루기 어려운 개인적인 내용까지도 상세하게 남아 있기 때문에, 작게는 개인, 가문의 역사에서 넓게는 당시의 생활사 등을 복원할 수 있는 중요한 단서가 된다.

초간 부자의 일기는 그런 면에서 매우 중요한 가치가 있다. 일기 기록이 많이 남아 있지 않은 조선 초기, 중기의 일기라서 더욱 의의가 있다. 초간 부자에게 있어서 일기의 의미는, 『대동운부군옥』이나 『해동잡록』처럼 역사를 기록하는 것의 연장이었을 것으로 보인다. 그렇기 때문에 지금 남아 있는 일기가 생전에 작성한 전부일 것으로 생각되지는 않는다.

1. 『초간일기草澗日記』

　『초간일기』는 초간의 나이 47세이던 1580년(선조 13) 11월 1
일부터 58세이던 1591년(선조 24) 10월 6일까지, 총 10년간 2,187
일간의 기록이다. 장정이 다른 3책의 필사본으로 구성되어 있는
데, 117장의 『선조일록先祖日錄』, 90장의 『초간일기草澗日記』, 34장
의 『신묘일기辛卯日記』이다.

　『선조일록』은 1580년 경진년 11월 20일부터 1584년 갑신년
7월 28일까지의 기록인데, 책 표지의 제목은 후손이 붙인 것이
다. 『초간일기』는 1580년 11월 초하루부터 1590년 경인년 4월 6
일까지의 기록인데, 이 책의 전편前篇은 『선조일록』과 중복되어
있다. 체제가 정연한 점이나 본문 기사 중의 몇 가지 기록 등에

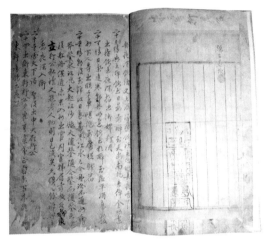

초간 권문해가 쓴 일기. 종가 백승각에 소장되어 있다.

비추어 볼 때 후일에 내용을 정리하면서 정서淨書한 것으로 보인
다. 『신묘일기』는 1591년 신묘년 7월 9일부터 같은 해 10월 6일
까지의 기록인데, 중간에 빠진 곳도 있고 9월 5일과 9월 6일 기록
은 9월 30일 기록의 뒤에 붙어 있는 등 전체적으로 정리되어 있
지 않은 상태의 초고본인 듯하다.

　　임진왜란 이전의 관료가 쓴 일기로 현전하고 있는 것은 권벌
權橃의 『충재일기冲齋日記』, 유희춘柳希春(1513-1577)의 『미암일기眉
巖日記』가 대표적이다. 이들은 각각 『중종실록中宗實錄』과 『선조
실록宣祖實錄』을 편수할 때 기본 자료로 채택된 바 있으며, 임진왜
란으로 인해 각종 자료가 소실된 시점에서 이전의 사회경제적 생

활상을 살피는 데 중요한 역할을 하고 있다.

『초간일기』 역시 임진왜란 이전에 쓰인 관료의 일기로서 실록 등에서 구할 수 없는 당시의 일반적인 생활상을 여실하게 엿볼 수 있다는 점에서 그 의미를 찾을 수 있을 것이다. 특히 『초간일기』는 『미암일기』와 시기적으로 2, 3년의 공백을 가지고 연결되어 있으므로, 당시 시대상황을 이해하는데 있어서 한층 더 가치가 있는 자료라고 하겠다.

우선 제도사적인 자료들이 많이 눈에 띈다. 지방에서의 과거에 시관試官으로 참여하면서, 시험문제, 응시 인원, 합격자 처리 등에 대해 기록한 것은 정사正史나 문집 같은 기록에서는 찾기 어려운 내용들이다. 일례로 안음현安陰縣에서 치러진 향시鄕試의 경우, 응시한 유생 수는 무려 1,600명에 달하고, 답안을 완성한 인원수는 1,300명에 이를 정도로 대단한 성황을 이루고 있었음을 알 수 있다.

이성異姓 입양의 사례도 보인다. 초간의 8촌형인 권국로權國老가 60세가 되도록 자식이 없자, 누이의 아들인 성오당省吾堂 이개립李介立을 시양자侍養子로 삼고, 한 동네에서 살았다는 기록이 있다. 시양자는 수양아들의 일종인데, 3세 이전은 수양자收養子, 3세 이후는 시양자라고 하였으며, 이성이라도 상관이 없었다.

봉제사奉祭祀와 관련해서는, 『주자가례朱子家禮』에 근거한 각종 의례들이 사대부가에서 어떻게 수용, 시행되고 있으며, 어느 정도의 중요도를 지녔는지에 대해 실감나게 살필 수 있다.

> 6월 23일, 이날 아헌에서 외조모의 제사를 지냈다.
> 6월 26일, 아헌에서 외조부의 제사를 지냈다.
> 12월 2일, 날이 밝기 전에 장인의 제사를 지냈다.

외손으로서 외조부모, 사위로서 장인의 제사를 지내는 기록이 심심치 않게 보인다. 예서禮書에는 주제자主祭者가 남성, 특히 직계 장남 위주로 설정되어 있으나, 당시에는 제사를 받드는 데 있어서 내외를 구분하지 않았음을 간접적으로 확인할 수 있다.

이는 분재기에 보이는 남녀 균등 상속의 원칙과도 궤를 같이한다. 즉 조선 초, 중기에는 아들과 딸을 구분하지 않고 재산을 균등하게 상속하였고, 그와 함께 제사를 받드는 의무도 아울러 지게 하였다. 그리하여 남매가 자신의 집에서 부모의 제사를 번갈아가면서 지내기도 하였다. 초간의 일기에 이런 사례가 구체적으로 보인다.

또한 데릴사위도 아닌데, 무남독녀인 부인이 사망할 때까지 친정에서 자신의 홀어머니를 모시고 생활하였던 기록에서는, 남자가 여자의 집에서 혼례를 치르고 자식이 성장할 때까지 처가에서 생활하던 남귀여가혼男歸女家婚이 당시의 자연스러운 관행이었음을 알 수 있다.

초간이 공주목사公州牧使로 있던 1581년 7월 27일에 거행된
생질녀甥姪女의 결혼도 이와 같은 맥락의 풍습이라고 볼 수 있다.

24일 흐렸다 맑았다 함. 김좌랑金佐郞이 선산善山 해평海平에

거주하고 있는 최랑崔郞과 정혼定婚하고, 이달 27일로 혼인날

을 정하였다는 소식을 사람을 시켜 기별하였다. 매사가 급박

하여, 모두 미처 준비를 하지 못하였다.

예천에서 매제인 김복일金復一이 자신의 딸을 최현崔晛에게
시집보내기로 하였다는 소식을 사람을 시켜 통보하였다. 혼주婚
主가 왔다는 기록이 없는 것을 보면, 김복일은 당시 예천에 있었
던 듯하다. 모든 준비와 행사 주관, 신랑 측 손님맞이는 초간이
전담하였던 것으로 보인다.

아무리 일찍 죽은 누이의 자식을 위한다고는 하지만, 본가에
서 혼례를 치르지 않고, 외삼촌의 임지에서 혼주가 없이 혼인을
치른다는 것은 특이한 사례라고 할 수 있다.

부인 현풍곽씨玄風郭氏의 상을 당하여 장례를 치를 때까지의
의례를 자세히 기록한 것에서는 당시의 예학적 인식과 상례의 실
제적 모습을 생생하게 파악할 수 있다. 6월 21일 염습斂襲에서 시
작하여, 10월 19일 부묘제祔廟祭를 지내기까지 상례喪禮의 전반을
상세하게 기록하였는데, 절절한 제문祭文을 남길 정도로 부부의

금슬이 좋았던 터라 상례의 모든 것을 직접 주관하고 있다. 특히 관판棺板을 마련한다든가, 산소를 닦는 일, 상여꾼들을 지원 받는 일 등은 이런 일기가 아니면 확인하기 어려운 것이어서 주목할 만하다.

상례 과정의 주요 장면만을 발췌하여 제시해본다.

8월 25일 맑음. 풍기태수豊基太守 안서경安瑞卿이 외관外棺의 판板을 떠서 공급하는 일을 이미 허락하였으나 운반하는 어려 움 때문에 나아가 시행하지 못하였다. 내가 판을 뜨는 장인匠 人 대여섯 명을 거느리고 바로 은풍殷豊의 대현大峴으로 갔다.

8월 26일 맑음. 두 그루의 나무를 얻어 4엽葉을 떠서 취하였다.

8월 28일 맑음. 소 10여 마리를 얻어 판목을 끌고 산을 내려와 저곡천渚谷川 가에 도착하였다.

9월 7일 맑음. 목수를 얻어 상여喪輿의 긴 틀[長杠]을 깎게 하 였다.

9월 28일 맑음. 산소에 올라가 일하는 것을 살폈다. 금정金井 [壙中, 굿]을 파기 시작하였다.

10월 3일 맑음. 오시午時에 금정金井 파는 일을 마쳤다. 또 옆 으로 물길을 뚫고는 자잘한 돌로 채웠으며, 곽槨을 내리고 회 灰를 다졌다.

10월 6일 맑음. 이른 새벽에 길을 나서 상주尙州에 도착하여 목백牧伯 류영길柳永吉을 만나 상여꾼[擡持軍]을 빌렸는데, 30명만 주겠다고 하였다. 애써 부탁하여 겨우 50명을 얻어 오시午時에 집에 도착하였다.

일기에는 아우 권문연權文淵, 생질 김숙金潚의 장례 과정도 자세히 적혀 있어서, 상호 비교가 가능하다. 매년 선친의 생신제生辰祭를 지냈고, 자신의 생일에도 가묘家廟에 떡과 술을 올려 제사를 지냈다는 내용도 예학사적으로 중요한 의미가 있는 대목이다. 『대동운부군옥』의 정서淨書 시기와 초간정사草澗精舍의 조성 과정 등 후손들과 학계에서 반드시 필요로 하는 정보를 상세하게 제공하고 있다는 것도 이 일기의 의의라고 할 수 있다.

2월 8일 흐리다가 맑음. 정사精舍의 터를 초간草澗 도연陶淵의 가에서 얻었다. 이웃에 사는 사람 30명을 빌려 술과 음식을 먹이고 터를 매워서 축대를 쌓았다.
2월 12일 맑음. 또 용문사龍門寺의 승려 및 용문동龍門洞 주민들의 힘을 빌려 정사精舍의 터를 닦았다. 단지 돌을 메꿔 고르게 하기만 하였고 일을 마치지는 못하였다.
2월 24일 구름이 끼어 흐림. 초간정草澗亭의 동쪽 가 바위 아래 물이 얕은 곳이 있어 연못을 만들 만하였다. 노복奴僕들 수십 명에게 명하여 둑을 쌓고 물을 끌어오니 깊이는 어깨가 잠길 만하고, 맑기는 물고기를 기를 만하였다.

8월 23일 맑음. 초간정草澗亭 아래에 전날 이미 못을 파서 물을
채우고 물고기를 풀어 놓았는데, 길이와 폭이 좁은 듯하여, 또
사람 50여 명을 얻어 밥을 먹이고 다시 파게 하였다. 깊이는 1
장丈이나 되었고 폭은 작은 배를 띄울 만하였다.

정자의 건축과 관리에 인근 용문사의 승려들이 동원되었다
는 것을 알 수 있다. 용문사의 승려를 동원하는 일은 훗날 중수할
때에도 있었다. 또 지금은 메워져버린 연못의 규모와 위치를 알
수 있어서, 향후 복원에 참고할 수 있는 기록이다.

인간적인 면모를 볼 수 있는 기록도 많다. 천인賤人이면서 학
행이 드높아 학장學長으로 있던 고청孤青 서기徐起와는 함께 시를
주고받고, 술자리를 함께 했다.

서기徐起는 본래 천인賤人으로, 이암頤菴이라고 자호하였다.
공암서원孔巖書院이 있는 동네에 와서 거주하였는데, 학문에
정밀하여 학자들이 많이 따랐다.

반상班常의 신분을 초월한 인간적인 만남을 엿볼 수 있는 자
료이다.

한밤중에 선고先考께서 평소 타시던 말이 뜻하지 않게 죽었다. … 선군先君께서 평소 늘 타셨던 것이라 부임할 때 데리고 와서 먹여 길렀는데, 올해로 나이 스물 대여섯 살이 되었다. 마음이 아파 온종일 근무하지 않았다.

선친이 타던 말이 죽자, 초간은 그날 하루 선친을 생각하며 슬픈 마음에 종일 근무를 하지 못하기도 하였다.

일기에는 당시에 전해지던 해학적인 일화와 기이한 이야기들도 많이 채록되어 있다.

사문斯文 송언신宋言愼은 향시鄕試의 답안지에서 '증자曾子'를 '야로종성也魯宗聖'이라고 하였는데, 이것은 『논어論語』「선진先進」의 "삼은 노둔하다[參也魯]."라는 말에서 인용한 것이다. 그리고 사문斯文 원사용元士容은 친시親試의 답안지에서 '광증이녕 희일생차光增以寧 喜溢生此'라는 구절을 썼는데, 이는 『시경詩經』「주시周詩」의 "문왕이녕 생차왕국文王以寧 生此王國"이라는 말에서 인용한 것이다.

이를 본 고관考官은 기묘한 글이라고 여겨 다 뽑아주었다. 이에 사림士林들은 서로 전해가며 놀리기를, 송언신을 '야로선생也魯先生'이라 하고, 원사용을 '생차선생生此先生'이라고 하였다.

귀신불에 관한 이야기, 지렁이를 먹는 사람에 관한 이야기, 나주羅州에 있는 한 촌가의 뽕나무에서 털이 생겨난다는 이야기, 임실현任實縣에서 키우는 말 머리에 소처럼 뿔이 생겨났다는 이야기, 소문국召文國 전설에 관한 이야기 등도 신기한 이야기들인데, 허황되다고 여길 수 있는 이런 이야기들이 야사野史의 기초가 될 수 있다는 생각에 자세하게 기록하고 있다. 이외에도 당시의 생활상을 살필 수 있는 기록들이 많이 담겨 있으며, 그 가치를 인정받아 보물 제879호로 지정되어 있다.

이 책의 말미에는 「개종계사문改宗系赦文」 등 종계변무宗系辨誣와 관계된 글들과 「영남지지嶺南地志」, 「설부說郛―동인방언東人方言」 등 잡기성雜記性 기록들이 부록되어 있다.

「개종계사문改宗系赦文」 등은 조선 200년 동안 끌어오던 종계변무宗系辨誣의 일이 1588년에 고쳐지자 선조宣祖가 이를 기념하여 사면령을 내리고 신하들이 그것을 축하하며 지은 작품들이다. 「영남지지」는 경상도 도내 각 고을의 풍속과 인심, 인물들과 명소에 대해 기록한 것이다. 그리고 「설부―동인방언」은 중국 자료인 『설부』에 수록된 『계림유사鷄林類事』의 내용 중 앞 절반 정도의 내용을 실은 것이다.

2. 『죽소일기竹所日記』

죽소竹所 권별權鼈(1589-1671)이 37세 때인 1625년 1월 1일에서 38세 때인 1626년 12월 30일까지 만 2년 동안 기록한 일기이다. 1626년 윤6월이 끼어 있어 총 25개월이 된다. 『초간일기』와는 약 30여 년의 공백이 있다.

기록한 내용이 없다고 하더라도 매일 날짜와 간지는 빠짐없이 적혀 있다. 전체 726일 중에서 날짜와 간지만 기록한 날이 70일이고, 날짜, 간지, 날씨만 기록한 날이 70일이다. 따라서 이상의 날짜를 빼면 2년 중에서 실제로 그 내용이 실린 날은 586일이 된다.

표지에는 왼쪽 상단에 흰 종이를 붙이고 『죽소부군일기竹所

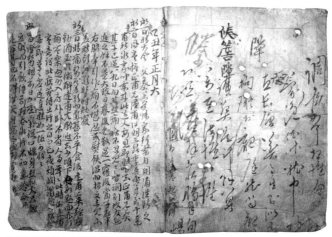

초간의 아들 죽소 권별의 일기이다.

府君日記』라고 썼는데, 후손이 쓴 것이다. 1책 총 68쪽으로 구성되어 있으며, 각 쪽마다 16행으로 이루어져 있으나, 1행당 글자의 수는 일정하지 않다. 초서체와 행서체를 섞어서 친필로 기록하였다.

생활의 일상을 기록한 일기의 내용으로 볼 때, 2년에 그치지 않았을 듯하지만, 현재 전해지는 것은 1책뿐이다.

일기의 내용은 죽소가 벼슬하지 않고 향리에 은거하여 살았기 때문에 개인의 일상사에 관한 것이 주를 이룬다. 집안의 일상적인 일 외에, 자신의 병 치료와 관련한 내용, 제사, 상례에 관한 내용, 향교鄕校나 서원書院에 출입한 내용, 매사냥이나 천렵川獵을

하거나 초간정사草澗精舍에서 노닌 내용, 고종자형姑從姊兄 최현崔
睍이 관찰사로 있는 강원도 지역을 유람한 내용 등이 대략의 내
용이다.

내용을 구체적으로 살펴보면, 1625년 1월 1일 첫 기록부터
흥미 있는 내용이 보인다.

> 정월 초1일 경술 맑음. 바람이 크게 불었다. 아버님 제사를 우
> 곡愚谷의 누이 집에서 행하였다. 나는 개포開浦에서 가서 행하
> 였다.

> 2월 28일 정미 맑음. 오늘은 한식寒食이다. 아버님 제사를 우
> 곡의 누이 집에서 행하였다.

우곡은 예천군 하리면下里面이라는 곳으로, 용문에서 몇 리
떨어지지 않은 가까운 곳에 있다. 우곡의 누이는 순천김씨順天金
氏 김경후金慶後에게 시집가서 2남 4녀를 두었다.

이 기사에서 제일 먼저 눈에 띄는 것은 딸의 집에서 제사를
지낸다는 것이다. 엄연히 장성한 아들이 존재하고, 제사를 지낼
수 있는 집이 있는데도 불구하고, 아들이 누이의 집에 가서 제사
를 지낸다는 것은 요즘 상식으로는 이해하기 어려운 부분이다.
더구나 응교應敎 대부인大夫人이라고 하여, 김경후의 모친이 같이

살고 있는데, 그 집에서 친정의 제사를 지낸다는 것이 특이하다.

이는 재산 상속을 균등하게 하는 당시의 제도와 연결시켜 이해할 수 있다. 아들과 딸에게 균등하게 재산을 상속하고, 그에 대한 조건으로 제사에 대한 의무를 똑같이 지우는 것이다. 조선 후기로 오면서 장자 위주의 상속으로 상속제도가 변형되어 갔고, 제사도 장자의 집안에서 행해졌는데, 죽소 당시까지는 그렇지 않았음을 확인할 수 있다. 또 정월 초하루면 설날인데, 세배나 설제사에 대한 내용은 전혀 언급을 않고 있다는 것도 특이하다. 그리고 한식에도 제사를 지냈음을 확인할 수 있다. 그리고 왜 아버지의 제사만 지내냐는 것이다. 일기에 증조모, 조부모, 부친, 전모前母의 기제사를 지냈다는 기록이 보이는 것으로 보면, 양대봉사兩代奉祀의 기준 때문은 아니라는 것을 알 수 있다.

『초간일기』의 기록에도 정월 초하루에 용문재사龍門齋舍에서 부친의 제사를 지냈다는 기록이 있다. 그런데 한식 같은 4명일名日의 기록에는 사촌들이 조부의 묘소에서, 매부 김복일金復一이 부친의 묘소에서 제사를 지냈다고 하였다. 이것을 보면, 서로 분담하여 돌아가면서 지냈기 때문에 그런 것이지, 절일에는 단순히 부모의 제사만 지내는 원칙이 있었던 것은 아닐 듯하다.

친정이나, 처가妻家, 매가妹家를 왕래하는 것에 대한 어색함이나, 사돈가와 시댁에 대한 거부감이 보이지 않는다는 것도 흥미롭다. 우선 죽소의 모친인 함양박씨咸陽朴氏가 딸의 시댁이 있는 우곡愚谷에서 한동안 기거를 하는 내용이 보인다. 1625년 1월의 기사에 이미 박씨는 우곡에서 거처하고 있는 것으로 나타난다. 죽소는 계속 하인들을 통해 안부를 듣다가, 그 후 3월 19일에 비로소 찾아뵈었다. 함양박씨는 6월 7일에 다시 친정인 박수서朴守緖의 집으로 옮겨 갔다가, 7월 초6일에야 집으로 돌아왔다.

죽소의 둘째 누나인 김경후의 처는 9월 3일에 우곡에서 친정으로 왔다가 10월 2일에 돌아갔고, 죽소의 처 안동권씨는 1625년 9월 4일에 유곡酉谷의 친정으로 갔다가 보름가량을 머물다가 돌아왔다. 10월 20일에는 오천의 누나인 김광보金光輔의 처가 친정에 왔다가 12월 27일에 사망하여, 친정에서 죽소의 주관하에 상례를 치르고, 선산에 장사를 지냈다. 이런 기록을 보면, 당시에 남귀여가혼男歸女家婚의 풍습이 얼마나 자연스러운 것이었는지를 알 수 있다.

민간의 의약 처방에 관한 다양한 기록도 흥미롭다. 죽소는 초하루에 부친의 제사를 지낸 다음날 밤부터 오한과 구토, 번열을 동반한 증세가 심하게 나타나 고생을 하게 된다. 헛것이 보이고 헛소리까지 하였다. 이때 다양한 민간요법들이 동원되는데, 한의학 연구에 참고할 수 있을 듯하다.

그 방법들 중에는 월경수月經水를 복용하는 것도 있었다. 다양한 방법에도 불구하고 고열이 여전하고 좀처럼 낫지를 않자, 부인 안동권씨가 냉약冷藥을 쓰라고 권하여, 월경수月經水를 서너

사발 들이켰는데, 해열의 효과가 바로 나타났다고 적혀 있다. 비슷한 기록이 『초간일기』에도 보이고, 『동의보감』에도 그 약효에 대해 열을 풀어주는 것으로 기술하고 있는 것으로 보아, 당시에 해열의 방법으로 어느 정도 일반화된 처방이 아니었던가 싶다.

지역 유림의 일원으로서의 역할도 볼 수 있다. 향교의 장의掌議를 맡아 액내유생額內儒生과 액외유생額外儒生의 정원을 정하는 일을 심도 있게 논의하는 내용이 여러 차례 나온다. 액내유생은 정원 안에 포함되는 유생이라는 뜻으로 양반의 자제를 가리키는 것이고, 액외유생은 정원 밖의 유생이라는 뜻으로, 양반이 아닌 자들을 말한다.

1625년 10월 11일자에는 그 결과를 다음과 같이 기록하고 있다.

> 정안正案을 써냈는데, 액내額內 270여 인, 업유業儒 70여 인, 액외額外 60여 인이었다.

이 기록을 통해 당시 지방 향교의 학생 정원수와 구성에 대해 알 수 있다. 특히 업유業儒라는 용어가 눈에 띈다. 일반적으로 유학을 전업으로 공부하는 사람을 가리키는 통칭이지만, 인조 3년 8월에 호패법號牌法을 시행할 때의 기사를 보면 이들의 신분이 분명하게 정의되어 있다.

사족土族의 음자손蔭子孫으로서 미처 입학하지 않은 자는 업유
業儒라 호칭한다.

즉 사족의 서얼자제를 가리키는 용어인데, 일반 평민과 다르
게 별도로 정원을 관리하고 있었음을 알 수 있다. 조선 후기로 내
려오면서 서원의 기능이 활성화되자, 지역 사림들이 서원 중심으
로 교육을 하게 되면서 향교의 교육 기능이 많이 약화되게 된다.
이로 인해 양반 신분의 지역 유지들은 향교의 직임을 맡지 않거
나, 그 자제들을 향교에 입학시키지 않으려고 하는 경향이 나타
났다. 그에 비해 죽소 당시에는 아직 향교 중심의 교육 기능이 약
화되지 않고 있었음을 이 일기를 통해 확인할 수 있다.

주요한 내용 중에 스승인 성오당省吾堂 이개립李介立의 상례
에 관련된 내용도 흥미롭다.

오후에 산음山陰 함장函丈의 부음이 왔다. 즉시 내려가서 신
위神位 앞에 나아가 곡을 하였다.

성오당이 사망한 당일, 부음을 듣고 부랴부랴 달려가 통곡한
기록이다. 스승에 대한 정이 매우 깊었음을 알 수 있다. 산음은 성
오당이 산음현감山陰縣監을 지냈기 때문에 그렇게 호칭한 것이다.

이함장李函丈의 장사에 참석했을 때 부물贈物을 보내지 않은 인원에 대해 죄를 논하는 일로 광원廣院 시냇가에 모였다. 부물을 보내지 않은 인원은 모두 한 달간 자격을 박탈하는 벌[朔損]을 받았다.

1626년 1월 20일자에는 장사에 참석한 기록이 보인다. 스승의 상례에 부의를 내지 않은 인원들에 대해 벌을 주었다는 내용이 특이하다. 이때의 인원이란 직간접적으로 성오당의 제자에 해당하는 유림이라고 할 수 있다.

스승의 상례에 부의를 내지 않은 제자가 있다는 것이나, 또 그 제자에게 다른 제자들이 유림 차원의 벌을 내린다는 내용은, 그런 문화가 엄연히 존재하고 있었다는 것을 의미한다. 그 당시에 지역 사회의 유림들이 얼마나 유기적으로 연결되어 있었는지를 알 수 있다.

또한 관동關東 지역을 유람한 기록도 보인다. 1626년 10월 4일에 유람 노정을 시작한다. 그보다 약 2개월 전인 7월 18일에 고종자형인 최현崔晛이 강원도 관찰사에 제수되었고, 임지로 가기 전에 함창咸昌에 들르면서, 죽소에게 만나자는 기별을 미리 보냈다. 8월 10일에 함창으로 가서 만났는데, 이때 유람을 권했던 듯하다. 실제로 여행 내내 자형의 도움을 많이 받았다.

경로는 봉화, 춘양, 태백, 삼척, 강릉, 진부, 횡성, 홍천, 소양

강, 인제를 둘러본 뒤, 다시 춘천, 제천, 단양으로 돌아왔다. 당시 경북 지역에서 강원도로 가는 경로와 소요 일정을 살필 수 있다. 이 유람은 문경 천주사天柱寺를 거쳐 11월 19일에 금곡金谷에 당도함으로써 끝이 나는데, 청평사淸平寺, 식암息庵, 견성암見性庵, 소양루照陽樓 등에서 남긴 기록은 한편의 기행록을 방불케 할 정도로 묘사가 자세하고 뛰어나다.

그 외에도, 인근의 지인들과 어울려 민물고기를 잡고, 그것을 회를 쳐서 먹었다는 기록이나, 매를 길들여 사냥에 이용하는 매사냥에 대한 기록 등도 당시 지방 사회의 놀이 문화를 엿볼 수 있는 좋은 자료라고 할 수 있다.

제5장 수백 년의 세월을 견디다

바쁜 삶에 지치고, 획일화된 건물에 질린 탓인지, 고가를 찾아 쉬어가려는 현대인들이 의외로 많다. 고가의 어떤 점에 매력을 느낀 것일까? 단순히 오래된 건축물로서의 가치를 넘는 무언가가 있기 때문일 것이다. 아마도 그 건물에서 나고, 자라고, 다녀가고, 바라보며 생활했던 모든 사람들의 정신과 삶이 그 속에 스며들어 있어서가 아닐까?

건물이 외부인들이 쉽게 보고 느낄 수 있는 것이라면, 외부인들이 쉽게 접할 수 없는 것도 있다. 종가 주인들의 누대에 걸친 체취가 묻어있는 유품들이 그런 것들이다. 이런 유품들은 도난의 위험으로 인해 외부인에게 잘 공개되지 않다보니, 누구나 접하기는 쉽지 않다.

본 장에서는 종가의 건축물과 함께 각종 유품에 대해서 비교적 상세히 소개해보고자 한다. 그 가운데에는 그동안 공개되지 않은 자료들도 있어서, 지면으로나마 접할 수 있는 기회가 될 것이다.

1. 건물과 자연

가. 종택宗宅

종택은 축성 연도가 분명하지는 않지만, 초간의 연보年譜에
는 부친인 증贈 참의參議 권지權祉(1504-1577) 때 건축한 것으로 되
어 있다.

참의공參議公께서 처음으로 복거卜居하시다.

복거라는 말은 터를 잡아 거주하는 것을 말한다. 초간의 조
부인 참봉공 권오상이 은거할 곳을 정해 이곳에 들어왔고, 참의

동산에서 바라본 종택의 전경이다.

공 때 건축을 한 것이라고 볼 수 있다. 초간의 8대손 권현상權顯相이 지은 「대소헌기大疎軒記」에서도 이를 확인할 수 있는 내용이 있다.

옛날에는 헌軒에 편액이 없었다. 내가 '대소大疎'라고 편액을 달았는데, 따지는 이들이 물었다.

"전에는 편액이 없었는데, 그대가 시작을 하니, 어째서인가? 엉성하다는 '소疎' 자 하나만으로도 낭패한 일인데, '대大' 자까지 덧붙인 것은 어째서인가? 특별히 지명과 연관을 시킨 것인가?"

내가 답했다.

"아니다. 아니다. 소루하지 않았다면 그렇게 편액을 달지 않았을 것이다. 편액은 장차 나의 허물을 게시하려고 하는 것이다. 대개 우리 선조께서 이 헌을 지으시어 후손들을 비호해 주신 것이 8, 9세나 되었다. 이제 전하는 차례가 내게 이르렀는데,

나는 조상의 건물을 잘 지키지 못해 담장이 무너지고, 벽이 기우는데도 전혀 수리를 하지 못하고 있다. 그것이 소루한 것이다. 또 독서와 수행을 하지 못해 문호를 실추시키면서도 근심하지 않는다. 그것이 소루한 것이다."

대소헌 편액은 사랑채 대청 전면에 걸려 있다. 그 건물을 지은 지가 8, 9세가 흘렀다는 표현에서, 해당 건물의 축조 연대를 짐작할 수 있다. 권현상의 8대조는 초간이고, 9세조는 권지權祉이다. 초간의 아들 죽소 권별이 지은 종택 중수 상량문에서는 초간이 이른 시기에 집을 지었다는 표현이 보인다. 결국 참의공 권지가 생존시에 지은 것으로 보아야 할 것이다.

사랑채 정면 모습이다. 축대는 원래 납작한 잡석을 쌓는 방식이었다. 화단에는 매화, 수국 등이 있었으나, 보수 과정에서 훼손되었다.

종택에는 특이하게도 대문이 없다. 사랑채에서 약 50미터 앞, 향나무 옆에 마을 우물이 있는데, 그곳이 정지였다고 한다. 정지는 부엌을 가리키는 지역 사투리이니, 당시의 건물 규모와 식솔들의 수를 짐작할 수 있다.

행랑채가 없는 것도 특징인데, 아마도 오랜 세월이 흐르는 동안 허물어진 것으로 보인다. 실제로 70년대까지는 사랑채 왼편, 안채 앞쪽에 헛간채와 방앗간, 마구가 존재하였다.

종택은 크게 안채와 사랑채, 사당으로 구성되어 있다.

1) 안채

국사봉國師峯에서 이어져 내려온 산기슭의 끝자락 경사를 이

외부에서 바라본 안채의 모습이다.

안채 마루에서 내려다 본 모습이다.

입구에서 안채 마루 쪽을 바라본 모습이다.

중간사랑에 군불을 때는 아궁이이다. 방이 워낙 높다보니, 아궁이도 성인의 가슴 높이 정도로 높은 것이 특징이다.

용해 지어진 건물로, 유좌묘향酉坐卯向, 즉 서쪽을 등지고 동쪽으로 향하고 있다. 사랑채와 연결되어 있으며, 아랫방 쪽의 높은 축대로 인해 정면에서 볼 때는 3층으로 구성된 느낌을 준다.

　ㅁ자형으로, 정면, 옆면 모두 5량樑의 건물이다. 위쪽은 왼쪽부터 부엌, 도장방, 안방, 마루, 상방으로 구성되어 있다. 도장방은 안방에 딸린 방으로, 일종의 고방이었다. 상방은 출산을 하는 방으로 사용되었다.

　거기에 연결된 왼쪽에는 부엌이 이어지고, 하부에 헛간이 있으며, 상부에는 다락이 연결되어 있다. 오른쪽에는 마루와 연결된 상부 다락이 있고, 그 아래쪽에는 고방이 있다.

아래쪽, 즉 정면에서 보이는 열에는 아랫방이 있고, 오른쪽에는 마루방이 있다. 그 옆에는 사랑채와 연결된 건물이 있는데, 중간사랑이라고 하는 방과 마루, 회랑, '책다락'이라고 불리던 다락, 다락 아래의 마구와 고방으로 구성되어 있다.

문은 정면, 왼쪽, 오른쪽 3면으로 형성되어 있고, 뒷면으로는 마루에 중간문설주를 세운 바라지창이 나 있다.

건축 전문가들은 안채 건물이 사랑채와 동시에 지어지지 않은 것으로 보고 있으며, 안채의 건축 양식에 사찰의 양식이 보인다고 한다. 실제로 원래 있던 사찰을 차지한 것이라는 전설이 있다.

안채 마루 위의 대들보는 일반적인 건축의 대들보와 비교했을 때 그 둘레가 훨씬 굵다. 전설에 의하면, 싸리나무라고 한다.

싸리나무라고 하니까 회초리나 빗자루를 만드는 싸리나무를 상상하여, 거짓말이라고 하는 방문객도 있다. 솔직히 우리도 자신 있게 설명을 할 수 없었어. 그런데 학계의 연구 결과를 보고서야 납득이 갔어. 사리함을 만드는 나무인 느티나무를 사리나무라고 하다가, 후대에 싸리나무로 바뀐 것이라고 하더구만.

(구술자 종손 권영기)

싸리나무로 알려진 안채의 대들보이다.

안채의 기둥에 매어 둔 성주이다.

중간사랑에서 주로 기제忌祭를 지냈으나, 요즘은 안마루에서 지낸다. 중간사랑은 종부가 돌아가셨을 때 빈소를 차리는 방으로도 쓰였다.

1984년 12월 24일에 중요민속자료 제201호로 지정되었다.

2) 사랑채

사랑채는 일찍이 국가 보물 제457호로 지정되었을 만큼, 건축사적으로 매우 중요한 건물이다. 조선 초기의 건물 형태를 그대로 보존하고 있어서, 고건축 연구자들의 주목을 받고 있다.

약간 경사진 대지 위에 앞쪽은 성인의 키 정도로, 뒤쪽은 성인의 허리 정도의 높이로 막돌을 쌓아 평평한 축대를 만든 다음, 그 위에 집을 세운 형태이다. 테두리로 난간을 둘러서 다락집 모양으로 꾸민 대궐 형식의 별당이다.

지붕은 팔작지붕이다. 동파 등으로 인해 기와를 새로 이을 때가 되면, 재사齋舍의 기와를 걷어다 이고, 재사에는 새로 구운 기와를 얹는다. 고색창연함을 유지하기 위해서라고 한다. 지금은 문화재청에서 보수를 관리하기 때문에 새로 구운 기와로 번와燔瓦를 하고 있다.

정면에서 보았을 때 4칸, 옆면에서 보았을 때 2칸, 총 8칸으로 되어 있다. 정면에서 볼 때 왼쪽 1칸은 온돌방이고, 오른쪽 3

사랑채 대청에서 바라본 전경의 일부이다.

칸은 마루형식인데, 방은 2개로, 윗방의 크기는 사랑방보다 약간
작다. 대청 앞면은 문짝 없이 그대로 개방하고, 옆과 뒷면은 판벽
을 쳤는데 그 중앙에 판장문을 달았다.

　　마루는 거울처럼 매끄럽고 광택이 났는데, 근래에 보수를 위
해 부자재를 교체하고 방부, 방충, 방화를 위한 약물처리를 하는
바람에 옛날처럼 광택을 유지하지는 못하고 있다.

　　옛날에는 "양반집의 마루는 얼굴이 비칠 정도로 광택이 나야
한다."라고 했어. 그래서 반질반질하게 만들려고 온갖 방법을

사랑채 천정의 들보 및 포대공

다 동원했지. 아카시아 잎을 따다가 마루 닦는 데 쓰기도 했어.

(구술자 종부 이재명)

높은 대청마루에서 보는 원경이 일품이다. 멀리 학가산과 아미산, 백마산이 보이고, 가까이 대수와 야당 사이에는 너른 논들이 풍요롭게 펼쳐져 있어, 보는 이들의 마음을 절로 시원해지게 만든다.

기둥은 네모로 다듬고 주두柱頭만을 얹어 지붕틀을 받치도록 해서 외모는 간소하게 처리했으나, 집 내부는 상당히 공을 들

부챗살모양의 서까래, 선자연扇子椽

안채와 사랑채를 연결하는 통로가 아름다움을 자아내는 사랑채 뒤뜰

여 정교하게 꾸몄는데, 종도리를 받치는 대공臺工은 포대공包臺工으로 조각을 해서 화려하게 장식하고 있다.

특히 천정에 있는 부챗살모양의 서까래인 선자연扇子椽의 정교함은 보는 이들의 탄성을 자아내게 한다. 도리는 굴도리로 하고 처마에는 부연附椽을 덧달아서 당시로서는 호화스럽게 치장했다.

안채와 연결되는 마루 통로도 다른 건물에서 잘 보기 어려운 것이다. 신을 신거나 벗지 않고도 사랑으로 출입할 수 있다. 부인들이 은밀하게 드나들 수 있는 통로이기도 하다.

최근까지도 불천위 제사는 이곳에서 모셨으며, 사랑방에 붙은 이른바 '웃방'은 종손이 세상을 떠났을 때 빈소를 차리는 곳으로도 이용되었다.

3) 사당

안채의 오른편, 사랑채의 뒤쪽에 있다. 3칸 규모이다. 다른 사당과 마찬가지로 문이 세 개인 형식을 취하고 있는데, 좌우의 문은 각 한 짝씩이고, 가운데 문은 두 짝으로 되어 있다.

안에는 불천위와 4대의 신주가 모셔져 있다. 왼쪽에 큰 제상祭床이 1칸을 차지하고, 나머지 2칸의 공간에 제상이 차례로 놓여 있다.

토란밭 너머로 보이는 별묘. 초간 불천위와 현 종손을 기준으로 4대의 신주를 봉안하고 있다.

불천위 신주는 문을 갖춘 한옥 형태의 정교한 감실龕室에 따로 모셔져 있었으나, 근래에 도난을 당했던 경험이 있어 감실은 따로 보관하고 혼독魂櫝만 제상위에 모시고 있다.

불천위 감실은 국가에서 불천위를 지정하면서 내린 것으로 알려져 있으며, 그 정교함과 독특한 양식은 문화재 전문가들이 가치를 인정하고 있다. 원래 모셔야 할 곳에 모시지 못한 것을 자손들이 안타까워하고 있다.

다른 신주는 앞쪽에 문이 달리지 않은 개방형 감실에 모셨는데, 긴 송판 위에 신주별로 상자처럼 생긴 틀을 위에 올린 형태이

초간 내외의 불천위를 모시는 감실이다. 현재는 도난의 위
험 때문에 별도로 보관하고 있다.

다. 송판 중간 중간에 홈이 파져 있는데, 아마도 불천위 지정으로
인해 사당의 공간을 재조정할 때 위치를 조정하면서 생긴 흔적인
듯하다. 근래에 사당을 새로 보수하는 과정에서 이 감실은 제거
되었고, 지금은 제상 위에 바로 혼독을 올려놓고 있다.

제상은 불천위의 제상이 가장 규모가 크고, 다음으로 대수에
따라 차등을 두고 있다. 그 중 제일 작은 것은 가짓수가 많은 제
물은 다 진설하기 어려울 정도로 작다. 조선 후기에 초간에게 불

천위의 명이 내렸을 때, 사당을 증축하지 못하고, 내부에 감실을 마련한 결과다.

당시에도 사당이 좁아, 불천위를 모실 별묘別廟를 따로 건축하는 문제를 고민하였던 것 같다. 권연하權璉夏가 친구인 권주환에게 답한 편지에 보인다.

저희 종가의 별묘 제도는 대개 사가私家에서 5묘廟를 제향祭享할 수 없다는 혐의 때문에 그처럼 변통하여 설립한 듯합니다. 저도 지례知禮에서 들으니, "불천위 사당은 마땅히 별도로 하나의 사당을 세우고 4대의 조상은 한 사당에서 함께 봉향해야 한다."라고 하는데, 우리 영남에서는 그렇게 행하는 곳이 전혀 없습니다. 도산陶山이나 하회河回, 내앞[川前], 금계[金溪]도 모두 저희 집의 제도처럼 하나의 사당에 함께 봉안하고 있습니다. 아마도 예위禰位는 동쪽 벽에 봉안하더라도 각각 높이는 것에는 문제가 될 것이 없을 듯합니다.

사당에 대해서는 『초간일기』에도 보이는데, 지금의 사당과는 다른 건물인 듯하다. 종가에 전해지는 가장 문서에 「별묘상량문別廟上樑文」이 수록되어 전하는데, 그 본문에 '옛터'에다 짓는다는 표현이 있는 것에서 추정할 수 있다. 상량문에 의하면 1702년(숙종 28) 10월 2일에 기둥을 세우고, 1703년 4월 16일에 상량을

사당 중문의 문설주 하단에 파인 철凸자형의
홈으로, 착탈식 구조를 보여주고 있다.

한 것으로 되어 있다. 그렇더라도 300년 이상 된 매우 오래된 건물임에는 틀림없다.

건축적으로 기교를 부리지는 않았지만, 이 사당에는 건축사적으로 특이한 양식이 있다. 바로 사당 중간문의 가운데 문설주가 착탈식으로 되어 있는 것이다. 그 단면이 철凸자형으로 되어 있어 문받이를 겸하고 있으며, 제사 때 신주를 내거나 제수祭需를 들일 때 위로 밀어 올려서 떼어낼 수도 있게 되어 있다. 출입문에 중간설주가 있는 예는 다른 곳에서도 찾아볼 수 있지만, 붙였다 떼었다 하는 착탈식은 전국에서 유일하다고 한다.

사당에는 원래 초하루와 보름에 삭망전朔望奠이라고 하여 간단한 제물을 준비하여 전奠을 올렸지만, 요즘은 따로 전을 올리지 않고 봉심奉審만 하며, 사당 내부의 먼지를 제거하고 뜰의 풀을 제거하는 일로 대신한다.

나. 초간정사草澗精舍

종택에서 북서쪽으로 약 3킬로 정도 떨어진 곳에 있다. 한국의 정자를 소개할 때면 빠지지 않고 꼽힐 정도로 수려한 경관을 자랑하는 곳이다.

국어사전에서는 정자를, "경치가 좋은 곳에 놀거나 쉬기 위하여 지은 집"으로 정의하고 있다. 기본적으로 마음의 긴장을 풀

길게 형성된 소나무 군락 쪽에서 바라본 초간정사 모습이다.

고 쉴 수 있어야 하는 것이다. 초간정사의 매력은 이처럼 정자가 갖추어야 할 기본적인 것을 충실히 갖추고 있는 것에 있다.

우선 구불구불한 소나무와 고풍스러운 괴목槐木들이 약간의 숲을 이루며 길게 이어져 있는 모습이 일품이다. 여름에는 짙은 그늘을 드리워 줄 뿐만 아니라, 개개의 나무들이 보여주는 갖가지 수형이 운치가 넘친다.

정자가 서 있는 바위와 맞은편 절벽 사이로 물이 감돌아 흐른다. 마루에 앉아서 건너편 송림과 절벽을 바라보고, 아래로 물

초간정사. 건너편 언덕에서 내려다 본 사진이다.

을 굽어보노라면 선경에 든 듯한 느낌을 준다. 전에는 정자 마루에 누웠을 때 그 물소리가 시끄럽다고 느껴질 정도로 밤낮으로 수량이 풍부하였으나, 요즘은 상류에 있는 대형 저수지로 인해 그러한 즐거움이 많이 줄어든 것이 아쉽다.

주변 경관과 잘 어울리는 건물도 이 정자의 매력이다. 정면 3칸, 측면 2칸으로 웅장하지도, 초라하지도 않은 아담한 건물이다. 내부 천장은 휘어진 충량衝樑이 보이고, 그 위로 눈썹천장이 마무리를 하고 있다. 기둥머리 쪽에 결합되어 들보를 받쳐주는 보아지甫兒只도 나름 멋을 부렸다. 건너편 낮은 지대에서 바라보면, 마치 하늘로 날아오르는 듯하고, 절벽 쪽 높은 지대에서 내려다보면, 인위적으로 건축한 것이 아니라 태곳적부터 자연의 일부로 그 자리에 서 있었던 것처럼 친화적이다. 한마디로 표현하자면 단정한 선비의 기품이 느껴진다고 할 수 있다.

이 정자의 멋은 여기서 끝나지 않는다. 정자를 찾아가는 길 자체가 속세에서 번뇌하는 마음을 비우게 만든다. 종택에서 정자를 찾아가는 길은 두 가지 방법이 있다. 자동차를 타고 면소재지인 상금곡동으로 나가 도로를 따라 가는 길이 있고, 종택에서 도보로 걸어가는 길이 있다. 이왕이면 도보로 가는 길 쪽을 택해서 가는 것이 좋다. 운치를 느낄 수 있기 때문이다. 농로가 포장이 되어 있어, 자동차도 운행할 수 있다.

험하지 않은 나지막한 산들 사이로 제법 넓게 형성된 논밭이

종택에서 초간정까지 질러가는 산길을 보여주는 지도이다. 네이버지도 제공.

펼쳐져 있고, 그 갓길을 따라 천천히 걸어가다 보면, 어느새 초간정 원림園林이 나타난다.

정자가 처음 세워진 것은 1582년(선조 15)이었다. 초간이 은거와 학문, 휴식을 위해서 세웠다. 현재 정자가 서 있는 곳에서 약간 떨어진 곳에 있었는데, 곧이어 발생한 임진왜란으로 인해 불타버렸다. 그 뒤, 1626년(인조 4)에 초간의 아들 권별權鼈이 중건하였는데, 병자호란 때 또다시 불타버렸다.

1739년(영조 15)에 초간의 현손인 권봉의權鳳儀가 원래의 터에서 약간 서쪽으로 옮겨 중건하였다. 지금의 정자는 바로 이때 지은 것이다. 권봉의의 손자 권응탁權應鐸의 장인인 부사府使 이성지李聖至가 상량문을 지었다. 남야南野 박손경朴孫慶이 중수기重修記를 지었는데, 정사의 수축 과정이 잘 나타나 있다.

정사를 짓기 전에 주사廚舍를 먼저 지었는데, 중수기에서 승려僧侶의 요사채, 즉 '승료僧寮'라고 표현한 것을 보면, 이곳에서 승려가 거처하면서 관리하게 하였던 것으로 보인다.

1832년(순조 32)에 홍수로 주사가 무너진 것을 다시 중수하였고, 1863년(철종 14)에 또 주사채의 서까래가 썩어 수리하였다.

이 정자는 초간정사라고도 불리고, 초간정이라고도 불린다. 혹자는 초간정이라고 해서는 안 된다고 주장하기도 하지만, '정사'나 '정'이나 통용되는 개념이므로 문제될 것이 없다. 더구나 『초간일기』에도 이미 두 가지가 다 보이고 있으므로, 굳이 논란할 것은 없을 듯하다.

앞쪽에는 '초간정사'라는 편액이, 뒤쪽에는 '초간정', 오른쪽 뒷벽에는 초간의 6대손 권응탁權應鐸이 건 '석조헌夕釣軒'이라는 편액이 물길을 굽어보고 있다. 바위에도 초간정이라는 각자刻字가 남아 있다.

초간정사라는 편액은 조선 중기의 문신인 소고嘯皐 박승임朴承任이 썼다. 소고는 초간의 종조부인 졸재拙齋 권오기權五紀의 사위이므로, 초간에게는 종고모부가 된다. 단아한 글씨로 쓰인 이 현판은 임진왜란 때 정사가 불탔을 때 사라졌다가, 훗날 근처 모래밭에서 홀연히 발견되어 다시 걸었다고 한다.

소고 박승임이 쓴 초간정사 편액이다.

초간정사 곁에 있던 백승각에 걸렸던 석조헌의 편액이다. 지금은 정사의 옆쪽 외부 벽면에 걸려 있다.

정자 주사 대문 옆에 있는 돌로 쌓은 변소이다.

　　초간의 8대손 대소재大疎齋 권현상權顯相 때 장판각藏板閣인 백승각百承閣이 정자 옆에 세워졌으나, 훗날 종택 옆으로 옮겼다.

　　많은 문사, 학자들이 다녀갔는데, 청대靑臺 권상일權相一, 학서鶴樓 류이좌柳台佐, 구계鷗溪 신완申完(1738-1791), 척암拓菴 김도화金道和 등이 남긴 시가 전하고 있다.

　　경상북도 유형문화재 제475호로 지정되어 있다.

종택 앞쪽에 서 있는 울창한 울릉도 향나무.

다. 향나무

종택만큼이나 오랜 세월을 한 자리에 서서 가문의 영고성쇠를 지켜보았을 울릉도 향나무이다. 한때 노령으로 인해 가지가 시들어 자손들의 마음을 아프게 하였으나, 최근 보존 기술의 발달로 다시 울창하게 되살아나고 있다.

이 나무는 입향조인 권오상權五常이 귀양지인 전라남도 강진현에서 돌아오면서 가져다 심었다고 한다. 전설대로라면 이 나무의 수령은 5백년이 훨씬 넘는다. 다만 전문가들은 지금의 나무는 처음에 가져다 심은 나무를 모수母樹로 하여 새로 자라난 것으로 보고 있으며, 수령도 300년 정도로 추정하고 있다.

수종은 울릉도 향나무라고 하는데, 많은 사람들이 의문을 가진다. 권오상이 귀양지인 강진현에서 풀려나 고향인 예천으로 돌아올 때, 울릉도를 경유할 이유가 전혀 없었기 때문이다. 그래서 울릉도 향나무가 아니라는 설이 한동안 힘을 얻기도 했었다.

그러나 최근 전문가들의 연구에 의하면, 전남 일대의 어부들이 울릉도에 많이 내왕하였기 때문에 향나무 자생지인 대풍감에서 향나무를 캐다 가져갔을 가능성이 높다고 한다. 실제로 2012년에 전남 여수에서 열린 독도전시회에서는 나선을 타고 울릉도를 드나들던 전라도 어부들의 자료와, 울릉도 향나무로 만든 홍두깨 등의 관련 유물을 전시하기도 하였다.

수종의 유전자도 틀림없이 울릉도 향나무라고 하니, 강진현에서 가져다 심은 울릉도 향나무인 것은 틀림없는 것으로 보인다.

대수에서 자란 남성들에게는 어린 시절의 추억이 오롯이 담겨 있는, 할아버지의 잔등과 같은 곳이다. 곧게 자라지 않고 옆으로 비스듬히 누워있다. 지금은 치료 조치를 하여 막혀 있지만, 옛날에는 나무 밑동의 가운데가 터널처럼 텅 비어 있었다. 아이들은 그곳을 수시로 오르락내리락 하였고, 그로 인해 표면

이 코팅을 한 것처럼 반질반질하게 되어 잘 미끄러졌다. 아이들에게는 훌륭한 미끄럼틀이었다.

(구술자 권덕열)

현재 경상북도 기념물 제110호로 지정되어 있다.

라. 백승각百承閣

원래는 초간정사의 곁채였다. 1776년(정조 즉위년)에 『대동운부군옥』을 목판에 새겼는데, 후에 그 판목을 보관하기 위해 대소재大疎齋 권현상權顯相이 중심이 되어 지은 3칸짜리 건물이다.

백승百承이라는 이름은 송宋나라의 거유鉅儒인 주희朱熹의 「장서실명藏書室銘」에 나오는 "백세기승百世其承", 즉 "백대토록 계승한다."라는 말에서 취한 것으로, 장서가 오래도록 전해지기를 바라는 뜻에서 붙였다고 한다.

헌軒에는 '석조헌夕釣軒'이라고 편액을 걸었는데, 조부인 권응탁權應鐸이 그곳에 조그만 정자를 지을 생각으로 미리 명명해 두었던 것을 추모하는 뜻에서 그대로 붙였다고 한다.

원래의 위치는 초간정 옆에 접해 있었는데, 어떤 계기인지 모르겠으나, 종가 사당 옆으로 이건하였다. 문중의 어른들이 그곳에서 책판에 먹을 바르고 책을 찍어내는 일이 70년대까지도 있

현재 장판각으로 사용되고 있는 백승각으로, 이전의 건물을 헐고, 근래에 신축한 것이다.

었다. 80년대 들어서 도난의 위험이 커지자 그곳을 헐고 새로 신식 건물을 지었다. 그곳마저 또 다시 도난이 있게 되자, 국가의 예산으로 경보장치를 한 현재의 목조 건물을 지었다.

마. 용문재사龍門齋舍

용문면 내지리 197번지에 있는 재사이다. 초간의 부친인 권지權祉와 초간의 묘소를 수호하기 위해 지은 재사이다. 초간의 9대손인 권주환의 용문재사기에 축성 연도와 관련된 내용이 보인다.

혹자는 "옛날에 재사가 있었으나 중간에 불이 나서 없어졌다."라고 하는데, 그런 사실이 가승家乘에 남아있지 않으니, 우리 가문에서 개탄스럽게 여긴 지가 오래되었다.

지난 헌묘憲廟 병오년丙午年에 온 족인族人들이 의논을 하여 삼종대부三從大父 진보進溥에게 주관하게 하여, 탑동재사塔洞齋舍를 건립하였다. 그 다음해 정미년丁未年에 또 일을 시작하여 옛터를 넓혀서 마침내 6칸짜리 건물을 세웠는데, 마루와 방을 반반으로 하였다. 그 아래에 별도로 산지기가 거처할 방 몇 칸을 지었다.

헌묘 병오년은 헌종 12년인 1846년이다. 그해에 탑동재사를 짓고, 이어서 그 다음해 1847년에 용문재사를 지은 것이다. 다만 옛터를 넓혔다고 하는 것에서 알 수 있듯이, 그 전에 이미 재사가 존재하고 있었다. 이것이 어떤 연유에 의해서인지 모르지만, 수차례 훼손이 되어 당시에는 터만 남아 있었던 것으로 보인다.

용문재사와 관련한 최초의 기록은 『초간일기』 1588년 9월의 기사에 보인다.

오후에 용문동龍門洞으로 가서 성묘하였다. 절의 중 세준世俊을 화주化主로 삼아 재사를 지으려고 하였는데, 재목이 이미 갖추어졌으므로, 정원靜元과 함께 가서 터를 정하였던 것이다.

보수를 앞두고 있는 재사로, 문의 구조가 특이하다.

그로부터 1년 뒤, 8월 16일에 건물이 마무리되어, 기와를 이었다는 기사도 있는 것으로 보아, 최초의 건축은 초간 때라고 할수 있다.

정면 3칸, 측면 2칸 규모로 된 홑처마 기와집이다. 마루방을 중심으로 좌우에 온돌방을 둔 중당협실형中堂挾室形인데, 전면의뒷마루가 1칸 규모로 큰 것이 특징이다. 자연석으로 쌓은 기단위에 덤벙주초를 놓고 기둥을 세웠는데, 기둥은 전면에만 원주를 사용하였다. 전면 원주의 하부에는 짧은 하층 기둥을 세워 누

마루를 이루게 하였으며, 툇마루의 주위에는 계자각鷄子脚을 세웠다.

경상북도 문화재자료 제633호로 지정되었다.

2. 유품

가. 옥피리

사연이 없는 유물은 없다. 특히 오래된 가문에서 전하는 모든 유물에는 나름의 사연이 담겨 있다. 사연이 있는 유물에는 더 관심이 가기 마련이다. 그것도 여러 성씨의 가문이 관련된 유물이라면 더욱 흥미로울 것이다. 초간종가에서 가보로 전하고 있는 옥피리도 그런 유물이다.

옥피리는 원래 조선 세조 때의 공신인 인동장씨仁同張氏 연복군延福君 장말손張末孫과 관련된 유물이다. 1466년(세조 12)에 함경도 회령會寧에서 야인野人을 물리치는 공을 세웠을 때, 임금이 그

상으로 특별히 은배銀杯 1쌍, 패도佩刀 1점과 함께 하사하였다. 그 중 은배는 6 · 25동란 때 분실하였고, 패도는 현재 영주榮州에 있는 연복군의 종가에서 전해지고 있다.

연복군은 1482년 52세 때에 벼슬을 사직하고 당시 예천 화장花庄, 지금의 문경시 산북면 내화리라는 곳으로 낙향하여 송설헌松雪軒을 짓고 살다가 4년 뒤에 세상을 떠났다.

연복군의 사위는 호군 박인량朴寅亮으로, 고려 후기의 무신으로 명성이 높았던 박임종朴林宗의 조카이다. 그가 장인을 따라 처가 동네에 정착하면서, 후손들이 지금까지 세거하고 있다.

연복군은 사위에게 옥피리를 주면서, 특별히 맏사위를 통해서 후대로 전하도록 유언을 하였다. 박인량은 자신의 장녀가 시집을 갈 때 그 유언에 따라 이 옥피리를 사위에게 전해 주었는데, 그 사위가 바로 초간의 조부인 참봉 권오상이다. 예천권씨 가문으로 전해진 옥피리는 다시 사위를 통해 전해져야 했지만, 막상 권오상에게는 딸이 없었다. 그래서 그대로 초간종가의 가보로 전해지게 된 것이다.

대나무 모양으로 된 옥피리는 길이 32.4센티, 지름 약 3센티 정도이며, 구멍은 입으로 부는 구멍인 취공 1개, 손가락으로 연주하는 구멍인 지공 3개이다. 이 옥피리는 국내에서 유일하게 지공이 3개이고, 제작 연대가 확실하며, 제작 연대가 국내에서 가장 오래되었다는 것과, 보존 상태가 완전하다는 것이 특징이다.

국악사적으로 매우 귀중한 자료로서, 현재 문화재청에서 문화재로 지정하기 위한 절차를 진행 중에 있다.

나. 퇴계 친필 「숙흥야매잠夙興夜寐箴」

잠箴은 한문 문체의 한 종류이다. 경계하거나 충고하는 내용이 주를 이룬다. 많은 작품들이 전해지고 있는데, 그중에서도 특히 유명한 것이 송宋나라의 학자인 남당南塘 진백陳柏의 「숙흥야매잠」이다. 닭이 우는 이른 새벽부터 밤늦게까지 부지런히 노력하고 수양할 것을 스스로 다짐하는 글이다.

송나라 말기의 학자인 노재魯齋 왕백王柏이 태주台州의 상채서원上蔡書院에서 교육을 주관할 때 오직 이 잠만을 가르치면서 배우는 사람들에게 외우고 익혀 실행하게 하였을 정도였다. 퇴계도 「성학십도聖學十圖」에 그림으로 그려서 삽입할 정도로 이 잠을 매우 중시하였다.

초간이 퇴계 선생의 문하에 처음 든 것은 1556년, 23세 때였다. 한서암寒棲庵에서 1개월을 머무르면서 수업을 받았는데, 돌아올 적에 퇴계 선생이 손수 써 준 것이 바로 이 「숙흥야매잠」이다.

갈색 비단에다 기록하였으며, 매장마다 4항 8자로 되어 있다.

임진왜란 당시 여러 문적을 잃어버렸을 때 함께 사라져서 한동안 구전으로만 전해지다가, 초간의 증손인 죽헌竹軒 권질權晊이

퇴계 이황이 초간에게 써 준 친필첩이다.

우연히 문서 더미 속에서 찾아내어 장정을 하였다고 한다. 뒤쪽에 초간의 8대손 권현상의 후지後識가 첨부되어 있다.

제자에게 기대하는 것을 글로 적어서 주었던 스승의 마음과 함께 퇴계 선생의 필적을 살필 수 있는 귀한 자료라고 할 수 있다.

다. 분재기分財記

현대인이 가장 흥미로워할 고문서는 단연 분재기일 것이다. 분재기는 상속 때 아들과 딸을 구분하지 않는 남녀균분상속男女均

分相續을 증명하는 실제 문서로, 남존여비로 각인되어 있는 조선의 남성 중심적 이미지를 한번에 깨뜨려 주는 것이기 때문이다.

조선 초기의 법전인 『경국대전經國大典』에 이미 이런 규정이 있다.

> 적처嫡妻 소생일 경우에는 장자長子, 차자次子, 딸의 성별 구별
> 없이 모두에게 같은 양의 재산을 분배하고, 그 가운데 제사를
> 지내는 자식에 한해서 상속분의 5분의 1을 더해준다.

이런 규정으로 인해 남자가 처가妻家에서 생활하거나, 외손外孫이 외가外家의 제사를 챙기는 것들이 전혀 어색할 것이 없는 일반적인 풍습이었다. 또한 지금과 달리 형제가 돌아가면서 제사를 지낼 수 있었다. 윤회봉사輪回奉祀라고 하여 형제자매가 해마다 돌아가면서 제사를 지냈고, 분할봉사分割奉祀라고 하여 상속 몫에 따라 제사를 고정적으로 분담하였다. 초간종가에 소장된 분재기들에도 이런 내용이 잘 담겨 있다.

초간종가에는 대수마을 입향조인 권오상權五常, 그 아들 권지權祉, 권문해, 권별權鼈 등으로 이어지는 다양한 분재기가 전해진다. 한 가문의 경제력과 그 이동 경로를 대대로 살펴볼 수 있는 매우 의미 있는 자료라고 할 것이다.

1511년(중종 6) 7월 초2일에 대수마을 입향조인 권오상權五常의 모친 한산이씨韓山李氏가 아들 5 형제에게 상속한 내용의 분재기이다. 작성연대가 매우 오래된 분재기로서, 국내에서 현존하는 분 재기 중에서도 매우 드문 자료이다.

이 분재기 중에는 1579년(선조 12) 11월에 권지權祉의 처인 동 래정씨東萊鄭氏가 적자嫡子인 권문해權文海, 권문연權文淵, 김복일金 復一의 처, 서자庶子인 권망해權望海, 서녀庶女인 권억록權億祿, 권억 복權億福에게 답畓 5석石 545두斗와 전田 14석 354두, 집, 노비奴婢 73구를 상속하는 내용의 분재기도 있는데, 특이한 것은 당시에 이미 김복일의 처가 세상을 떠나 김복일이 재가再嫁를 한 상황인데도, 그에게 재산을 상속하고 있다는 것이다.

라. 유서

고인의 친필 유서가 남아 있는 경우는 많지 않다. 그 유서들
도 연대가 임진왜란 이전으로 거슬러 올라가는 경우는 더더욱 많
지 않다.

이 유서는 초간이 임종하던 해인 1591년 겨울에 친필로 작
성하여 부인 함양박씨咸陽朴氏와 아들 권별에게 남긴 것이다. 죽
음을 앞두고 가장 걱정스러웠던 것은 역시나 모친의 봉양이었을

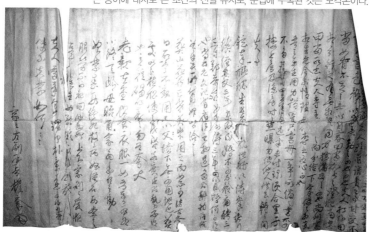

큰 종이에 대자로 쓴 초간의 친필 유서로, 문집에 수록된 것은 모각본이다.

것이다. 유서의 맨 앞에는 자신이 평소에 했던 것처럼 노모를 봉양해 주기를 당부하고 있다.

노친께서 살아계시니, 돌아가실 때까지 음식과 의복을 일체 내가 평소에 하던 것처럼 하여라. 그리하여 너희 가옹家翁이 저승에서 애통해하게 하지 말라.

조카인 권현權鉉(1571-1623)에 대해서도 각별한 정을 표현하고 있다.

현이는 포대기에 싸였을 때부터 받아다 키웠으니, 다른 조카와 같이 여겨서는 안 된다. 시양자侍養子로 대우를 해 주어야 할 것이다. 이제 막 그 애비의 삼년상을 마치고, 아직 성혼成婚을 하지 못하였으니, 참으로 마음이 아프다. 토전土田과 노비를 각별히 지급하도록 하라.

권현은 초간의 아우인 권문연의 둘째 아들로, 늦도록 자식을 두지 못한 초간이 후사로 삼기 위해 어릴 때 양자로 들였다. 1582년 6월에 전배前配 현풍곽씨玄風郭氏가 세상을 떠났을 때 쓴 초간의 제문에도 그에 관한 기록이 보인다.

아우에게 두 아들이 있어, 하나를 데려다 후사로 삼았지요. 그대가 거의 양육하다시피 하면서 친자식이나 다를 것이 없었지요. 이제 글을 읽을 줄 아니, 나이가 이미 열두 살이라오. 그 아이에게 상복을 입혀 그대의 영궤를 지키게 하였으니, 적막하다 말하지 마소. 없던 자식이 생긴 것이 아니겠소. 어서 성장하여 며느리가 생기고 손자가 생기기를 날마다 기다리노니, 그대의 제사는 기어코 후손들에게까지 전하게 될 것이오.

당시 조카 현의 나이가 12세였는데, 그 전부터 데려다 길렀다고 하는 것을 보면, 이미 어려서부터 봉사손으로 생각하고 있었음을 알 수 있다.

그러나 1589년 후배後配 함양박씨에게서 아들 권별이 태어나게 되면서, 권현은 다시 생부인 문연의 아들로 돌아가게 되었다. 일종의 파양罷養이었다.

유언에서 말한 시양자는 양자의 일종으로, 『경국대전』에 의하면 3세 이전에 들인 양자는 수양자收養子, 3세 이후에 들인 양자는 시양자라고 하였다. 성씨에 상관없이 입양할 수 있었다. 유언에서 특별히 따로 분배를 해 줄 것을 당부한 것은, 친자가 있는 경우에 시양자는 상속 대상에서 제외되었기 때문이다.

당시 권현의 나이가 21세였으니, 적어도 10여 년 이상을 함께 데리고 살던 아들을 돌려보내는 심정이 어땠을지는 말하지 않아도 알 수 있는 것이다. 초간은 권현을 멀리 떠나보내지 않고, 동구에서 가까운 마을의 아래쪽, 이른바 '아랫마을'에 주거를 마련해 주었다. 지금 대수에 있는 '아랫종가'라고 하는 기왓집이 이권현의 주손가胄孫家이다. 권현도 아들이 없어 다시 권별의 아들인 권극정權克正을 양자로 들였으니, 기구한 운명이 아닐 수 없다.

유언에는 또 초간의 장서량을 짐작하게 하는 내용도 보인다. 이는 매우 중요한 의미가 있다. 그동안 학계에서는 초간의 저술인 『대동운부군옥大東韻府群玉』의 방대한 인용서목引用書目에 대해 본가 소장 자료가 아닐 것으로 보는 견해가 많았다. 몇 차례에 걸쳐 종가의 문적을 조사했지만, 인용서목에 보이는 책들은 거의 남아있지 않았기 때문이다. 그래서 초간이 본인 소유의 문적이 아니라, 조정에서 근무하면서 접한 자료를 발췌하여 베낀 것으로 결론을 내리기까지 하였다.

그러나 유서의 기록을 보면, 상당수의 책을 직접 구비하고 있었을 것이라는 것을 조심스레 추정할 수 있다.

내가 평생토록 힘을 쏟아 조치했던 것은 오직 서책을 모으는 일 한 가지뿐이었다. 갖춘 책이 적지 않다 보니, 치부책置簿册이 있기는 하지만 태반을 아직 기록하지 못하였다. 부디 책 다락 위에 보관해두고 때때로 점검하고 포쇄를 하여, 잃어버리지 않도록 하라.

평생 동안 책을 모았고, 그 책의 제목을 장부에 기록하지 못한 것이 태반일 정도라고 하니, 책이 얼마나 많았을지 짐작할 수 있다. 더구나 아들 권별이 『해동잡록海東雜錄』 14책이라는 방대한 인물사전을 편수할 수 있었던 것은, 실제로 가정에 장서가 많지 않고서는 불가능한 일이었다.

집안일을 처조카인 박경수朴景遂에게 맡기게 한 것도 특이하다.

맨 마지막 부분에서는 임종을 직감한 상태에서 서둘러 당부하는 마음과 힘겹게 유지하는 거친 숨결이 절절하게 느껴진다.

숨이 차서 글자를 쓰기가 어려워 하나를 기록하면 만 가지를 빠뜨리는구나.

유서는 일반 서간지 정도의 소품이 아니라, 한지 전지에 대자大字로 작성되어 있다.

마. 문집

현재 종가에 전해지는 문집은 『초간선생문집草澗先生文集』, 『송서유고松西遺稿』, 『대소재선생문집大疎齋先生文集』, 『금서유집琴棲遺集』 등, 총 4종이다. 그 외에 『죽와유고竹窩遺稿』가 있었으나,

근래에 분실되었다.

1) 『초간선생문집草澗先生文集』

초간 권문해의 문집이다. 목록目錄, 연보年譜, 원집原集 4권, 부록附錄 합 3책으로 구성되어 있다. 1812년(순조 12)에 목판에 새겨 발행되었다. 10행 18자로 구성되어 있으며, 판심에는 아래위로 2엽의 화문어미花紋魚尾가 새겨져 있다.

유고는 오랫동안 편수를 거치지 못한 채 초고草稿 상태로 있었다. 초간의 생질서甥姪婿인 인재訒齋 최현崔晛이 인조 연간에 초간의 아들인 권별權鼈에게 답한 편지와 1722년에 김세호金世鎬가 지은 행장行狀의 기록이 이를 뒷받침한다.

선대부先大夫 초간 선생의 유고는 아직도 편수를 하지 못하였습니까? 멀리 있는 바람에, 그 곁으로 가서 여러 벗들과 함께 교정에 매달리지 못하니, 그저 슬프고 한탄스럽습니다.

공께서 저술하신 것은 병란을 거치면서 흩어져 많이 전하지 않는다. 『운옥韻玉』과 시문 약간편이 집안에 보관되어 있다.

초간의 증손인 권경權曔과 현손인 권봉서權鳳瑞가 창설재蒼雪

齋 권두경權斗經에게 부탁하여 시詩 부분을 편차 교정하는 등 문집의 간행을 준비하였다.

　그 후 8대손 권도상權道相이 초간의 외후손外後孫인 황룡한黃龍漢(1744-1818)과 함께 다시 교정을 보고 정리하여, 1812년(순조 12)에 부록과 함께 4권 3책을 목판본으로 간행하였다. 입재立齋 정종로鄭宗魯의 서문과 황룡한黃龍漢의 발문이 실려 있다.

　권1과 권2에는 약 240여 수의 시詩가 실려 있다. 퇴계 문하의 동문인 김성일金誠一, 김부륜金富倫, 동인東人 계열의 김효원金孝元, 이산해李山海 등과 주고받은 시가 수록되어 있다.

　권3에는 소疏, 묘갈명墓碣銘 등 각종 문文이 실려 있는데, 1575년 청주목사淸州牧使로 있을 때 인순왕후仁順王后의 상례喪禮에 대한 시비가 일어나자 『오례의五禮儀』의 개찬改撰을 통해 상례 규정을 상세히 마련하기를 청한 「청종권소請從權疏」와 부인夫人 곽씨郭氏에 대한 제문, 그리고 1585년에 간행한 종조부 권오복權五福의 『수헌집睡軒集』에 대한 발문 등이 그것이다.

　권4에는 잡기雜記와 『대동운부군옥大東韻府群玉』의 범례凡例가 실려 있고, 권5에는 김세호金世鎬가 지은 행장, 권두경權斗經이 지은 묘갈명, 해좌海佐 정범조丁範祖와 학사鶴沙 김응조金應祖가 지은 『대동운부군옥』의 서문序文과 발문跋文, 남야南野 박손경朴孫慶이 지은 초간정사중수기草澗精舍重修記 등이 실려 있다.

　또한 목재木齋 홍여하洪汝河가 지은 권별權鼈의 『해동잡록海東

송서유고. 필사본으로 된 권응탁의 문집이다.

『雜錄』발문과, 초간의 유묵遺墨인 유서遺書, 그리고 서간書簡 2편의 모각본摹刻本이 부록되어 있다.

2) 『송서유고松西遺稿』

초간의 6대손인 송서松西 권응탁權應鐸의 문집이다. 미완성 필사본으로 성책되어 있으며, 간행은 되지 않았다. 본집 1책과 부록 1책으로 되어 있으며, 본문은 10항 20자로 구성되어 있다.

3) 『대소재선생문집大疎齋先生文集』

초간의 8대손인 대소재大疎齋 권현상權顯相의 문집이다. 4권 2책의 목활자본이다. 10행 20자로 구성되어 있으며, 판심에는 아래위로 2엽의 화문어미花紋魚尾가 새겨져 있다. 아들 권주환權冑煥이 정재定齋 류치명柳致明과 동림東林 류치호柳致皜(1800-1862)에게 산정刪定을 의뢰하여 1857년(철종 8)에 간행한 것이다. 서문은 없고, 류치호의 발문이 있다.

권1, 권2에는 약 110수의 시가 실려 있는데, 스승인 정종로鄭宗魯에게 보내는 시 등이 수록되어 있다. 권2에는 정종로와 손재損齋 남한조南漢朝, 황룡한, 류치명 등에게 보낸 편지가 수록되어 있다.

권3에는 서, 기, 발, 잡저, 행장이 실려 있는데, 종택에 처음으로 대소재大疎齋라는 편액을 달면서 그 연유를 기록한 대소헌기大疎軒記, 『대동운부군옥』 등의 판목을 보관할 백승각의 건축 과정을 기록한 백승각기百承閣記, 퇴계 선생이 초간에게 써준 친필첩에 대해 기록한 글 등이 수록되어 있다.

권4에는 『대동운부군옥』의 판각을 완료한 뒤에 고유하는 글과 제문이 있으며, 긍암肯庵 이돈우李敦禹의 행장과 류치명의 묘갈명 등의 부록 문자가 실려 있다.

이 문집에는 가문의 제반 사항과 관련된 귀중한 기록들이 많이 담겨 있어서, 후손들이 당시의 상황을 파악하는 데 많은 도움을 주고 있다.

4)『금서유집琴棲遺集』

초간의 9대손인 금서 권주환權胄煥의 문집이다. 6권 3책이다. 목활자로 간행하였다. 10행 20자로 구성되어 있으며, 판심에는 아래위로 2엽의 화문어미花紋魚尾가 새겨져 있다. 유천柳川 이만규李晩煃(1845-1920)가 서문을 썼다.

권1에는 류치명 문하의 동문들과 주고받은 시와 애도하는 만사輓詞가 대부분이다. 임천서원臨川書院 복설 문제로 상소하였다가 유배를 당한 14인의 유생들이 유배에서 풀려나 돌아온 뒤에 맺은 동주계同舟契라는 모임에 대해 알 수 있는 내용도 수록되어 있다.

권2와 권3에는 스승 류치명, 이돈우, 서산西山 김흥락金興洛, 낙파洛坡 류후조柳厚祚, 신암愼庵 이만각李晩慤 등에게 보낸 편지와 제문이 다수를 차지하고 있다.

권4에는 축문祝文, 잡저雜著, 서序, 기記 등이 실려 있는데, 특히「용문재사기龍門齋舍記」,「탑동재사기塔洞齋舍記」와 초간정 주사廚舍 상량上樑 때의 일을 기록한 기문記文, 능천서당能川書堂 중수 때의 상량문, 죽림서실竹林書室의 상량문 등, 가문 및 지역과 관련된 중요한 내용이 많이 수록되어 있다.

　권5에는 행장과 묘지墓誌가 수록되어 있다. 조부인 통덕랑 권진한權進漢, 생부生父인 생원 권호상權顥相, 초간의 종고조부인 제평공齊平公 권맹손權孟孫, 그리고 종조부인 수헌睡軒 권오복權五福의 유사遺事와, 족숙인 청간聽澗 권옥상權玉相의 행장 등이 실려 있다.

　권6에는 친구인 척암拓庵 김도화金道和(1825-1912)가 지은 행장과 서파西坡 류필영柳必永(1841-1924)이 지은 묘갈명, 김홍락金興洛 등이 지은 만사, 권경하權經夏 등이 지은 제문이 부록되어 있다.

백승각 내부에 보관되고 있는 목판.

바. 목판

　백승각百承閣에 보관되어 있다. 보물 제878호인『대동운부군옥大東韻府群玉』목판 667판과,『수헌집睡軒集』66판,『초간집草澗集』98판이다. 일부는 도난으로 인하여 약간의 결락이 존재하는데, 2008년에 한국국학진흥원에서 조사한 결과에 따르면,『대동운부군옥』은 601판,『수헌집』은 63판,『초간집』은 92판이 현존하는 것으로 파악되었다.

　현재 몇 년 주기로 먼지 제거와 먹물 입히기를 하고 있다.

3. 사라진 것들

　지금은 한국학중앙연구원韓國學中央研究院, 국학진흥원國學振興院 같이 훌륭한 수장收藏 시설을 갖춘 기관들이 적극적으로 자료를 유치하여 그나마 그런 일이 적어졌지만, 90년대까지만 해도 도난은 비일비재하였다.

　열 순사가 한 도둑을 잡지 못한다는 말처럼, 작정하고 훔치려고 드는 범죄 시도를 시골의 한두 자손들이 막아내기란 쉽지 않았다. 사람이 다치지 않은 것만 해도 다행스럽게 생각해야 할 정도였다. 심지어 문짝이나 현판까지도 떼 가는 상황이었다.

　초간종가도 수차례 도난을 당한 경험이 있다. 도난품 중에서 가장 어이가 없는 것은 사당에서 모시는 불천위不遷位의 감실

龕室이었다. 독립된 한옥처럼 정교한 솜씨로 만든 것이었는데, 명절 전에 사당 청소를 하기 위해 들어갔다가 도난당한 것을 발견하였다고 한다.

종손이 백방으로 노력한 끝에 부산에서 일본으로 넘어가기 직전에 회수하였으나, 조상을 모시는 감실까지 훔쳐가는 세태에 종손은 탄식을 금치 못했다.

전래하던 서적 수백 책을 잃어버린 것도 안타까운 일이었다. 종손의 차남 권경열權敬烈도 도난당하기 전의 서책에 대해 또렷하게 기억을 하고 있었다.

『서애집西厓集』이나 『퇴계집退溪集』 같은 것은 요즘 접하는 문집들과는 격이 달랐다. 초판을 간행하면서 관련 문중에 반질하는 책들이라 특별히 판형도 크게 하고, 먹도 선명하게 찍는 등 정성스럽게 만들었다. 내가 기억하기로는 책 표지가 요즘의 통가죽 같은 느낌이었다. 두툼하게 몇 겹의 종이를 붙이고, 그 위에 밀랍을 칠한 표지는 책의 품위를 돋보이게 하였다. 도서 도난 당시 동호東湖 변영청邊永淸 선생의 문집을 꺼내놓고 읽다가 사랑방 이불장 아래 빈 공간에 밀어 넣어 두곤 했었는데, 아이러니하게도 그것만 남게 되었다.

또 아직도 문화재 안내문에는 종가에 『자치통감강목資治通鑑

綱目』완질이 소장되어 있다고 적혀 있는데, 이것 역시 이때 도난 당했다.

종손의 회상에 의하면, 이 이외에도 귀한 유물들을 많이 보고 자랐다고 한다. 개중에는 시대의 흐름 때문에 자연스레 도태되어 사라진 것도 있고, 속임을 당해서 뺏긴 것도 있다.

초간 선조의 관복官服은 빛깔도 선명한 것이었는데, 내 선비先 妣께서 중풍을 앓으시면서 굿을 하는 무당이 잘못하여 불에 타서 사라져 버렸다. 내가 어린 나이라서 어쩔 수 없었지만, 지금 생각해도 한이 된다.

선대부터 물려받았던 책상은 또 어떻고. 쇠못을 쓰지 않고 대나무못으로만 짠 책상으로 참한 것이었는데, 어느 순간에 없어졌더라고. 시골에 노인들만 계실 때 그런 것만 전문으로 수집하는 사람들이 하도 집요하게 달려드니, 어떻게 지키겠어.

향촌鄕村에서 행해지던 무속巫俗 문화로 인해 관복이 사라지고, 눈을 현혹시키는 신식 제품들로 인해 전통적인 책상이 사라진 것이다.

『대동운부군옥』을 저술하면서 인용한 서목 중에는 지금 전하지 않는 희귀본들이 많이 포함되었기에, 초간종가의 소장 서적은 학계나 고서 수집 관련자들의 관심의 대상이었다. 그렇게 사라진 것들이 한둘이 아니었을 것이라고 종손은 말한다.

『용비어천가龍飛御天歌』 같은 책도 내가 어릴 때 보고 자랐는데, 당시 남의 가문의 고서나 유물을 속여서 탈취하기로 유명한 어느 변호사가 빌려 간 뒤로 행방이 묘연해졌다.

그 외에도 이 사람, 저 사람 친분을 내세워 책을 빌려가서는 돌려주지 않은 것도 많았다. 지금은 벌써 세월이 흘러서 당사자들은 다 세상을 떠났으니, 그 자손들이 돌려달라고 한들 돌려주겠나. 방송에서 공개적으로 유물의 시세를 감정하는 세상인데.

을해자로 인쇄한 희귀본 『수계선생비점두공부칠언율시須溪先生批點杜工部七言律詩』이다.

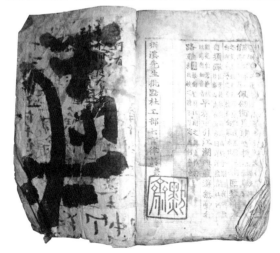

그나마 현재 서책 중에는 『수계선생비점두공부칠언율시須溪先生批點杜工部七言律詩』, 『뇌계집濡谿集』 등의 희귀본이 남아 있어서, 소장하고 있던 도서의 규모를 짐작할 수 있게 한다.

『수계선생비점두공부칠언율시須溪先生批點杜工部七言律詩』는 금속활자인 을해자乙亥字로 인쇄하였는데, 조선 중종中宗 연간에 간행된 것으로 추정되는 희귀본이다. 『뇌계집』 역시 국내에 몇 종 남아 있지 않은 희귀본으로, 임진왜란 이전에 목판본으로 간행되었다. 조선 전기의 뛰어난 문인文人으로 점필재의 제자였던 유호인兪好仁의 문집이다.

제6장 받들고 보듬고 어우러진 삶

종가 문화를 이야기할 때, 흔히 봉제사奉祭祀, 접빈객接賓客이라는 말을 한다. 기제사와 명절 제사를 준비하고, 끊이지 않고 찾아오는 손님을 접대하는 일이 연중 계속되는 상황에서, 이 두 가지는 종가의 삶을 대변하는 말이라고 해도 과언이 아니기 때문이다.

그러나 전통적으로는 이 두 가지 외에도 한 가문을 잘 이끌어가는 역할도 매우 중요하게 생각하였다. 종손은 지손들의 돈목敦睦을 이끌어내는 구심점이자, 향촌의 교화와 질서를 유지하는 책임자였기 때문이다.

이번 장에서는 초간종가의 독특한 제사 문화와 손님을 접대하는 범절, 종가를 위하는 지손들의 향념에 대해 알아보고자 한다.

그리고 종손과 종부, 그 자제들의 삶에 대해서도 간략하게 소개하고자 한다. 종손과 종부의 소개를 위해 따로 편장을 나누지 않은 것은 종손과 종부의 간곡한 바람 때문이다. 소개하는 글을 쓰다 보면, 자연히 분에 넘치는 과장을 하게 마련이라면서 한사코 거절하였다.

마지막으로 급변하는 현대 사회에서 전통 문화의 계승에 대해 어떤 고민과 노력을 하고 있는지를 알아보고자 한다.

1. 조상을 받드는 의절

초간종가의 제사는 기일忌日에 지내는 기제忌祭, 설과 추석의
차례茶禮, 묘소에서 지내는 시사時祀로 나눌 수 있다.

이 중 추석 제사는 지금처럼 음력 8월 15일에 지내는 것이
아니라, 중양절重陽節, 즉 음력 9월 9일에 지냈다. 시사는 매년 음
력 10월경에 날을 받아서 지냈으나, 요즘은 자손들의 직장 문제
로 인해 휴일을 잡아서 지낸다.

기제사는 불천위不遷位 제사와 4대 봉사를 행하고 있다.

불천위 제사는 단설單設로 지내고, 4대의 기제는 계속 단설
로 지내다가 2015년부터 종손의 결단으로 비위妣位의 기일에는
제사를 모시지 않고, 고위考位의 기일에 비위의 제사를 같이 지내

제례 절차를 기록한 홀기이다.

는 것으로 정하여 실행하고 있다. 자손들이 직장 때문에 객지에서 생활하는 현실을 외면할 수 없었기 때문이다.

신위를 모셔 내 온 뒤에는, 참사參祀한 제관들이 모두 참신參神을 먼저 하고, 강신降神을 한다. 일반 기제 때는 보통은 축문祝文을 읽는 의절 없이 단헌單獻으로 지낸다. 다만 참사하는 제관이 많은 경우에는 반드시 삼헌三獻을 하고 있다.

제사를 지내는 시간은 현재까지도 새벽 제사를 유지하고 있으나, 이 또한 초저녁 제사로 변경을 고려하고 있다. 제사를 모시는 장소는 일반 기제사의 경우 안채의 마루나, 안채에 딸린 곁채, 즉, 중간 사랑이라고 하는 곳에서 지낸다. 불천위 제사의 경우에는 사랑채 대청에서 지냈다. 요즘은 사랑채까지 계단을 오르내

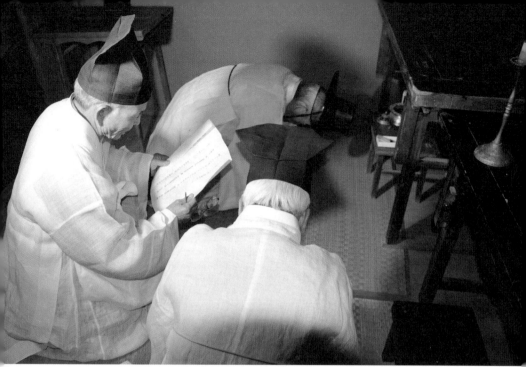

출주고유. 사당에서 제청으로 신주를 모셔내기에 앞서 축문으로 고하고 있다.

리며 제수를 나를 젊은 제관들이 많지 않다 보니, 불천위 제사도
안채 마루에서 지내는 일이 많아졌다.

제사를 지내는 의절은 여타 가문과 크게 다를 것이 없으므로
생략하고, 진설법 등 초간종가만의 특징적인 면을 위주로 정리해
보고자 한다.

가. 제수祭需의 준비

제수의 장보기부터 음복을 나누는 일까지 모두 유사有司가

담당을 하는데, 안 유사 4, 5인, 바깥 유사 2, 3인이 불천위 제사 때마다 차임되었다. 동네가 초간의 자손들로 이루어진 집성촌이기에 가능한 일로, 순서를 정해 번갈아가며 참여하고 있다. 그리고 제삿날은 원근의 제관들이 미리 사랑채에 모여 함께 저녁 식사를 한다. 제사에 참사하지 못하는 고령의 문장門長이나 노인들에게는 식사를 따로 차려서 보내드렸다.

제수에 대해서 몇 가지만 소개해 본다.

구이는 적대 위에 1차적으로 명태를 깐 다음, 고등어를 그 위에 얹고, 상어나 방어를 꼬지로 꿰어 그 위에 얹는다. 그 위에 다시 돼지고기 꼬치, 소고기 꼬치를 쌓고, 문어 다리와 소고기 육포를 얹는다. 맨 위에는 삶은 닭을 통째로 올린다. 쓰러질 수 있기 때문에, 끈으로 둘러 묶는다.

어느 가문이든, 불천위 제사에서 가장 눈에 띄는 제수가 바로 편일 것이다. 가문마다 괴는 방식이 다른 것도 편이다. 따라서 편을 괴는 방식을 조금 세세히 살펴보는 것도 의미가 있을 듯하다.

편은 떡이라는 뜻으로, 가로, 세로 약 30센티 정도 되는 편대 위에 떡을 약 40센티 높이로 켜켜이 쌓는다. 편은 자칫하면 균형을 잃고 쓰러지게 되므로, 쌓을 때부터 특별히 정성과 주의를 기울여야 하기 때문에 시간과 힘이 많이 들어간다.

맨 아래쪽에 본편인 시루떡을 몇 켜 정도 쌓는다. 시루떡은

팥고물이나 콩고물을 입히는데, 여름에는 팥고물이 빨리 쉬기 때문에 콩고물을 입히고, 대신 겨울에는 팥고물을 입힌다. 그 위에 백편을 쌓는다. 백편은 시루떡과 같은 떡인데, 다만 고물이 없이 대추, 밤, 곶감, 깨 등을 얇게 채 썰어서 고명으로 뿌린 것을 가리킨다. 다시 그 위에는 경단, 부편 또는 잡과편을 한 켜씩 쌓아 올린다. 경단은 찹쌀가루를 뜨거운 물로 반죽하여 동그랗게 빚은 다음, 끓는 물에 넣어서 익히고 겉에다 콩가루를 입힌 것을 말한다. 부편은 찹쌀 반죽을 동그랗게 빚어, 볶은 콩가루와 물엿을 섞은 소를 넣고 그 위에 대추를 얇게 채 썰어 얹은 후, 시루에서 쪄낸 다음 팥고물에 묻힌 떡을 말한다. 잡과편은 찹쌀 반죽을 둥글게 빚어 약간 납작하게 만든 후, 꿀을 바르고 대추, 밤을 얇게 채를 친 것에 묻혀 시루에 찐 것이다. 부편과 잡과편은 동시에 쓰지는 않고, 여름 제사에는 잡과편을 쓰고, 겨울 제사에는 부편을 쓴다.

다음으로 깨꾸리와 전, 조악을 올린다. 깨꾸리는 흑임자 경단으로, 콩가루 대신 검은 깨를 입힌 것을 말한다. 전은 찹쌀 반죽을 얇게 펴서 동그랗게 만들어 튀긴 것이다. 편의 맨 위에 올리는 조악은 찹쌀 반죽을 둥글고 납작하게 빚어 볶은 콩가루와 물엿을 섞은 소를 넣고, 반으로 접은 뒤 가장자리를 접어 송편처럼 만든 떡이다. 3줄을 올린다. 주악이라고도 한다. 마지막으로 한지로 겉을 싸서 끈으로 묶은 다음, 안마루의 흔들리지 않는 곳에 잘 놓아둔다.

나. 진설법陳設法

예천권씨 초간종택 제례의 특징은 무엇보다 진설법에 있다. 조율이시棗栗梨枾, 좌포우해左脯右醢로 대표되는 일반적인 진설법과는 완전히 정반대의 진설법이다.

가가례家家禮라고 하여 가문마다 고유의 예법이 있다고는 하지만, 너무나 다른 진설법에 자손들마저 혼란을 느낄 때가 많다. 퇴계종가退溪宗家의 진설법이 이와 거의 유사한 것을 보면 근거하는 바가 있을 것인데, 어느 예서禮書에 근거했는지는 확실하지 않다.

제례에서 방향을 이야기할 때는 항상 신위가 자리한 곳이 북쪽이 된다. 실제 방위와는 상관없이, 신위가 있는 곳을 북쪽으로 간주한다. 따라서 헌관이 신위를 바라보고 섰을 때, 헌관의 오른쪽은 동쪽, 왼쪽은 서쪽이 된다. 이 원칙은 현재 어느 예서, 어느 문중을 막론하고 동일하다. 이 책에서 기술하는 초간종가의 진설법도 헌관을 기준으로 한 방향이다.

초간종가는 헌관을 기준으로 맨 앞줄에서부터 신위 쪽으로 진설을 한다.

제관이 제수를 진설하고 있다.

첫 번째 줄에는 과일을 진설한다. 큰 원칙은 조동율서棗東栗
西, 홍동백서紅東白西이다. 밤은 흰 색이므로 서쪽, 즉 왼쪽에다 맨
먼저 올린다. 대추는 붉은색이므로 반대편인 동쪽, 즉 오른쪽 끝
에다 올린다. 밤 오른쪽에는 곶감, 은행, 호두, 땅콩, 유과 등을 올
리고 대추 왼쪽에는 배, 사과를 올린다. 여기까지는 진설하는 자
리가 고정적이다. 과일의 가짓수가 많을 때는 뒷줄에 진설한다.
마찬가지로 유과나 약과도 앞줄에 자리가 없을 경우에는 뒷줄에
진설한다. 이런 진설법은 타성의 조율시이棗栗柿梨, 즉 대추, 밤,
감, 배의 순서와는 많이 다르다.

두 번째 줄에는 야채와 포를 올린다. 야채는 산에서 나는 채소는 동쪽에, 들에서 나는 채소는 서쪽에 놓는다는 산동야서山東野西의 원칙을 따른다. 무 채, 가늘게 찢은 토란, 콩나물을 익혀서 한 그릇에 담아 맨 왼쪽에 올린다. 그 오른쪽 옆에 시금치나물을 담은 그릇을 올린다. 그 옆에 장물을 놓고, 다시 그 옆에 삶은 고사리와 도라지를 한 그릇에 담아 올린다.

그 옆에는 국수를 올리고, 그 옆 맨 오른쪽에는 포를 올린다. 이때 포는 꼬리가 왼쪽으로, 머리는 동쪽으로 가게 놓는다. 이른바 두동미서頭東尾西의 원칙이다. 과일 줄에 여유가 있을 때는 포를 앞줄 맨 오른쪽에 올린다. 흔히 타성에서 좌포우해라고 할 때의 해醢는 진설하지 않는다.

세 번째 줄에는 조기와 탕, 구이와 편적을 진설한다. 맨 왼쪽에 조기를 올리는데, 일반적인 두동미서의 원칙이 아니라, 머리가 서쪽으로 가게하고 꼬리가 동쪽으로 가게 한다. 자연스레 배부분이 신위 쪽으로 향하게 된다.

3탕을 쓰는 경우에는 조기 오른쪽에 어탕魚湯, 육탕肉湯, 구이, 계탕鷄湯을 올린다. 어탕은 명태 같은 어물 대가리와 무를 넣고 끓이고, 육탕은 돼지고기와 무, 계탕은 계란과 무를 넣고 끓인다. 평소 기제사에는 돼지고기, 계란, 토란, 무를 넣고 끓인 탕 하나만 올린다.

구이는 육탕 오른쪽에 올린다. 그 옆에 간랍肝納을 올리고,

오른쪽에 두부 전을 올리고, 톱니모양으로 칼집을 넣어 반으로 절개해서 쌓아 올린 삶은 계란을 올린다. 마지막으로 맨 오른쪽에는 배추에 밀가루를 얇게 입혀 부친 배추 적을 정사각형으로 반듯하게 썬 편적을 올린다.

마지막 줄에는 시저, 메, 갱, 편을 올린다.

다. 아헌亞獻

초간종가의 불천위 제사에는 또 특이한 것이 있다. 아헌亞獻을 주부主婦 대신 그날 참석한 제관 중에서 소종가小宗家의 주손冑孫이나 문중의 연장자가 대신하고 있는 것이다.

전통적으로 사가私家 제사의 아헌은 주부가 하게 되어 있다. 이는 초간종가의 경우에도 마찬가지였다. 종가에 보관되어 있는 고본古本 홀기笏記에도 분명하게 주부가 아헌을 하는 것으로 명시되어 있다.

이렇게 바뀌게 된 것은 종가의 특수한 상황 때문으로 추정할 수 있다.

첫 번째 계기는 초간의 10대손인 정원鼎遠이 23세의 젊은 나이에 일찍 세상을 떠난 뒤, 그 후사인 석인錫寅이 주사자主祀者로서 초헌을 하게 되면서부터일 것으로 추정된다.

정원이 세상을 떠난 해가 1889년이고, 정원의 부인인 이른바 '천곡할매' 의성김씨義城金氏가 세상을 떠난 해는 1950년이다. 정원의 부친인 주환胄煥이 세상을 떠난 1893년 이후에 제사를 물려받은 것을 감안하더라도, 약 60년의 세월을 석인이 제사를 지낸 것이다.

예법으로는 아들이 대를 이어 주사자가 되면, 그 어머니는 초헌관인 아들의 다음에 아헌을 할 수가 없었다. 이 경우에는 며느리인 부림홍씨缶林洪氏가 주부主婦가 되어야 하나, 시어머니가 청상靑孀으로 홀로 되신 마당에 주부를 할 수 없었기 때문에 주부를 사랑에서 대행하였다고 한다.

두 번째 계기는 석인의 아들 경하景河가 해외에서 살게 되면서부터일 것으로 생각된다. 사업을 하기 위해 일본으로 건너가 돌아오지 않고 현지에서 사망하였으므로, 경하의 아들 영기榮基가 일찍부터 아버지 대신 제사를 섭행攝行하게 된데다, 경하의 부인 연안이씨延安李氏가 중풍으로 인해 제사에 참여하지 못하면서, 주부가 아헌을 할 수 없게 된 것이다.

라. 음복飮福

제사를 지내고 나면, 음복을 하기 전에 행배상行杯床을 먼저 내었는데, 술과 간단한 안주거리를 담는다. 유사가 헌관부터 차례로 술을 따라준다. 행배를 하기 전까지는 유건儒巾이나 제복祭

服을 벗지 않으며, 항렬과 상관없이 연장자 순으로 술을 돌린다.

이후 음복 상을 내는데, 헌관獻官에게는 독상을, 축관祝官과 찬자贊者에게는 겸상을 차려 내었다. 대청마루에 빙 둘러 앉아 음복을 하고 나면, 고령자 몫으로 음복을 추가로 분배하여 싸 주는데, 이를 봉과封裹라고 한다.

이때 흔히 볼 수 있었던 풍경 중의 하나는 유사들이 봉과를 분배하는 과정에서 어른들에게 혼쭐이 나는 일이다. 제수에 한정이 있다 보니, 연령별로 차등을 둘 수밖에 없었다. 70세 이상은 배 반 쪽, 60세 이상은 4분의 1쪽 같은 식으로, 형편에 따라 원칙에 의해 각각 음복을 나누었다.

안채와 사랑채 중간에 유사들이 제물祭物을 만지는 방이 있었는데, 음복 때만 되면 유사들이 벌벌 떨었다. 그때 참사하는 제관 중에 유독 욕심이 많은 어른이 계셨는데, 제사 때마다 당신 음복과 옆 자리의 음복을 비교해 보면서, 크기가 작다든가, 가짓수가 빠진 경우에는 "유사는 당장 내려오너라."라고 불호령이 떨어졌다.

음식이 귀할 때나 볼 수 있는 풍경이다. 가져가라고 싸 줘도 사양을 하는 요즘에는 상상하기 어려운 일이다.

2. 손님을 접대하는 범절

불과 10여 년 전까지도 "지금 범절이 남아 있는 곳은 대수 권씨와 산골 조씨뿐이다."라는 말이 있었다. 산골 조씨는 예천군 감천면 돈산리敦山里에 사는 한양조씨漢陽趙氏들로서, 팔우헌八友軒 조보양趙普陽(1709-1788)의 자손들이다.

범절을 지킨다는 것은 남에게 예절을 지키도록 강요하거나, 남에게 까다롭게 군다는 의미가 아니다. 자신이 할 도리를 다한다는 뜻이다.

종가에서는 손님사랑에서 손님을 맞을 때에 반드시 의관을 갖춘 다음 절을 하고 맞았다. 자리는 주인이 아랫목을 차지하고, 그 옆으로 연장자 순으로 차례로 앉았다.

나이가 많고 적고를 떠나서, 주인이 아랫목을 양보하는 법은 절대 없다. 아주 귀한 손님이나, 상노인일 경우에는 예우 차원에서 아랫목을 비켜주기도 하지만, 보통 때는 비켜주지 말아야 한다. 아랫목을 비켜 준 경우에도, 문을 등지고 앉지 않고, 옆쪽으로 앉아서 대화를 해야 한다.

(구술자 종손 권영기)

이런 예절은 손님으로 가는 사람도 알아 둘 필요가 있다. 자신이 더 나이가 많다고 해서 무조건 아랫목을 차지하려고 하는 것이 얼마나 실례인가를 알 필요가 있는 것이다.

손님이 와서 상을 차려야 할 때, 주부는 직접 사랑채에 손님 수를 물어보지 않고, 아이를 시켜 신발 숫자를 세어 오게 해서 손님의 수를 짐작하여 준비했다.

반찬은 밥과 국 이외에 7가지 반찬 이상을 차렸으며, 혼자 온 손님에게는 외상을 차려 대접하였다. 지금은 연로한 두 내외만 살다 보니, 매번 이렇게 따로 차리기가 어렵지만, 불과 몇 년 전까지도 이런 대접은 일상적으로 유지되고 있었다.

점심 식사 때는 별미로 국수를 대접하기도 했다. 밀가루에 콩가루를 섞어 반죽을 하고, 밀대로 밀어 썬 칼국수는 다른 지역에서는 쉽게 맛볼 수 없는 것이라, 손님들도 좋아했다. 그렇지만 국수라는 것이 먹어도 배가 쉽게 꺼지는 음식이잖나. 주인의 처지에서는 그런 음식을 대접하는 것이 미안할 수밖에 없다. 그래서 음식을 들기 전에 반드시, "물 음식을 대접해 드리게 되어서 죄송하다."라는 말을 함으로써, 미안한 마음을 표시했었다.

(구술자 종손 권영기)

한때 답사가 유행한 적이 있었다. 요즘은 일반인들이 드라마나 영화 촬영지를 중심으로 찾아다니지만, 당시에는 주로 건축학과나 사학과, 한문학과 등 한국학 관련 전공 학생들이 단체로 답사를 다니는 경우가 많았다. 한 번씩 오고 갈 때면 인삼차를 큰 주전자에 끓여서 접대하곤 했다. 대청마루에 둘러앉아 목을 축이며, 다른 곳에서 받아보지 못했던 일이라고 고마워했었다.

손님을 대접하는 상에 주로 나가는 음식은 곶감과 호두, 땅콩이었고, 겨울철의 귀한 손님일 경우에는 홍시를 대접하기도 하였다. 냉장기술이 발전하지 못했을 때도, 제사나 접빈을 위해 고방에 홍시를 얼려서 보관하였다.

명절 때가 되면 수정과, 약과, 식혜와 감주를 반드시 준비하였다. 식혜는 안동이 본고장으로, 예천에서는 보기 힘든 음식이었다. 종부가 고향인 안동에서 익힌 솜씨로 담은 것이기 때문에 문중에서도 인기가 높았다.

예천군 만세운동을 주도하다가 옥고를 치른 탓에 병치레가 잦았던 시조부를 위해 종부가 만들어 올린 음식이다.

종가에 특별히 독특하게 전해지는 가양주家釀酒나 음식 비법은 없다. 다른 양반가에서 차리던 음식들과 크게 다를 것이 없는 것이다.

다만 종가에는 사연이 있는 상차림이 있다. 일제 때 독립만세운동을 하다 감옥살이를 한 탓에 병환이 잦으셨던 시조부 권석인權錫寅을 위해 종부가 차려드렸던 간식상이다. 근래에 종가음식 연구가들의 호평을 받고 있다. 간식상은 조약, 인삼정과, 생강정과, 편강, 매작과로 구성되어 있다.

조약은 댓잎, 말린 박속, 은행, 밤, 생강, 말린 차조기 잎을 넣고 달인 물로서, 종부가 시집와서 처음 배운 음식이다. 박속과 차조기 잎은 사시사철 쓸 수 있도록 평소에 말려서 보관하였다. 매작과는 밀가루에 소금과 생강즙을 넣고 반죽을 해 얇게 민 다음, 직사각형으로 썰어 가운데를 뒤집어 리본처럼 만들어 튀긴 후 조청에 버무린다. 잣가루를 고명으로 뿌린다.

3. 친족 간의 돈목敦睦

　　예천권씨는 전국적으로 5천인 정도에 불과하다보니, 다른 가문에 비해 친족 간의 정의情誼가 특히 돈독하다. 그중 초간의 후손들은 주로 죽림동에 거주하고 있다. 죽림동은 다시 윗마을 격인 대수와 아랫마을 격인 야당으로 나뉜다. 한때는 일가들을 중심으로 집성촌을 이루고 살았으며, 특히 대수에는 불과 몇 년 전까지만 해도 타성이 2가구뿐이었을 정도였다. 그러다보니 촌수가 10촌, 20촌이 되더라도 종가를 중심으로 모두 한 가족처럼 친하게 지낸다.

　　종가와 지손들 사이의 관계는 옛날과는 많이 달라졌다. 과거에는 재력이나 학문 지식을 바탕으로 하여 종가에서 지손들에게 베풀어주는 일이 많았지만, 지금은 지손들이 종가에 대해 더 많은 정성을 보인다.

2014년에 문중의 논의를 거쳐 없애기 전까지 집집마다 설전날 밤의 묵은세배는 거르지 않고 지켰다. 동네 세배를 돌기 전에 반드시 사당에 먼저 세배를 하였다. 사당에 풀이 자라면, 누가 강요할 것도 없이 자발적으로 낫을 들고 와서 풀을 베었다. 종택 건물의 보수라도 할 때면, 아무리 바쁘더라도 한 번씩 들여다보며 진행 상황을 살폈다. 그것을 조상에 대한 도리라고 생각했다.

지손들이 혼인을 하여 새사람이 들어오면, 맨 먼저 사당에 와서 참배한다. 종부는 원삼과 족두리를 쓰고 약간의 제물을 갖추어 정식으로 사당 안에서 고하지만, 지손들의 며느리는 사당 뜰에서 절을 한다.

불천위 제사 때면, 청과상을 하는 지손은 사과와 배 상자를 제수로 보내오고, 어떤 지손은 번번이 제주를 사서 보내온다. 농사를 짓는 지손은 수확을 하고 난 뒤, 한 되고, 한 말이고 농작물을 종가에 들이는 일도 빈번하다. 심지어 어떤 후보의 선거 운동을 하면서, 종손에게 찾아와 미리 허락을 구하는 경우도 있어서, 타성의 부러움을 사기도 한다.

4. 종손과 종부, 오랜 세월을 짊어지다

현 종손 권영기權榮基(1939-)는 초간의 13대손이다. 12대 종손 경하景河가 일찍부터 일본으로 건너가 사업을 하면서 세상을 떠날 때까지 일본에서 지내는 바람에, 일찍부터 조부 석인錫寅(1898-1970)의 뒤를 이어 종손의 역할을 해 왔다. 조부가 1970년에 세상을 떠났으니, 45년이 넘는 세월을 종손으로 살아온 것이다.

어렸을 때부터 범절이 남달랐다고 한다. "절하는 것을 보면 나머지는 보지 않아도 알 수 있다."라는 말이 있을 정도로, 범절의 가장 기본이면서도, 잘하기 어려운 것이 절이다. 영양英陽 주실마을 출신의 사장査丈 조철호趙哲鎬는 평소에 "절은 영기榮基가 잘 한다."라는 말을 자주 하였다고 한다.

한학漢學은 어려서 기초 유가서를 배운 것이 전부였다. 이후로는 시대의 흐름에 따라 대학까지 신학문을 배웠다. 종손은 이때 좀 더 깊이 있게 한학을 공부하지 못한 것을 한스러워 했다. 붓글씨는 종가의 각종 의식에서 쓰이는 일이 많았기 때문에, 소홀히 할 수 없었다. 대학 때까지 신문지로 한 트럭 분량 정도를 연습하였다고 한다. 전업 작가가 아닌 일반인으로서는 대단한 연습량이라고 할 수 있다.

처음 혼삿말이 나왔을 때, 종손은 장래의 장인어른께 인사를 갔다. 마침 출타 중이라 뵙지 못하고 간단하게 편지를 적어 놓고 왔는데, 장인이 외출에서 돌아와 장래 사윗감의 글씨를 보고는 흔쾌히 허락을 했다고 한다.

종손은 28살이라는 젊은 나이부터 유림에 출입하였기 때문에, 일상 범절과 제향祭享 의절에 익숙하였다. 공무원 생활을 하다가 퇴직 후 서원書院에 출입하게 된 봉화奉化 닭실마을의 충재沖齋 종손 권종목權宗睦도 선친으로부터 "너는 초간종손이 하는 대로 하면 된다."라는 말을 자주 들었다고 한다. 그래서 출입할 때면 늘 함께 다녔고, 그 인연으로 둘은 사돈이 되었다.

또한 조상에게서 물려받은 전통을 잃지 않기 위해 부단히 노력했다. 시대가 변하면서 많은 종가에서 시속時俗을 따라 신식 예법으로 변형해 갔지만, 그는 고집스레 전통 방식을 지키려고 노력하였다. 전주이씨 박실 마을 출신의 한 인사는 처음 초간종가를 방문했을 때의 일을 아직까지 잊지 못하고 있다.

　　종가를 찾아갔을 때였다. 마침 더운 여름이었는데, 종손이 잠
　　시 기다리라고 하더니, 방에 들어가 제대로 옷을 갖추어 입고
　　나와서 정식으로 인사를 나눴다. 종손의 제반 범절을 보면서,
　　아직까지 이 집에는 예가 남아 있다고 감탄한 기억이 난다.

　　서예가인 일중一中 김충현金忠顯도 생전에 이와 관련한 이야기
를 자주 하였다고 한다. 종손의 아우인 권부영權富榮의 회상이다.

　　일중 선생이 우리 집을 찾았을 때, 마침 형님이 작업복 차림으
　　로 근처에서 들일을 보고 있었다. 형님은 잠시 기다리라고 하
　　고 부랴부랴 대청에 올랐다. 일중 선생이 처음에는 날도 더운
　　데다, 손님을 마루 밑에서 기다리게 한다고 불쾌해 했던 모양
　　이었다. 형님이 한복을 제대로 갖추어 입고 나와서 정중하게
　　맞이하자, 그제야 감탄을 연발했다고 한다. 후에 인사동에 가
　　서 "초간 종손이 참 종손이다."라는 말을 자주 했다는 소문이
　　있다.

　　그는 전해지는 건물이나, 문적의 보존에도 많은 노력을 기울
였다. 일제와 근대 산업화시기를 거치면서 헐려진 건물들의 복

원을 위해 관련 정보를 꼼꼼히 축적하였다. 노후화 된 기존 건물을 정부의 도움으로 보수하는 노력을 게을리 하지 않았다. 감실을 도난당했을 때는 암수술 후의 아픈 몸을 이끌고 백방으로 수소문한 끝에 부산에서 일본으로 출항하기 직전에 회수하기도 하였다.

종부 이재명李載明은 진성이씨眞城李氏다. 친정은 대종가인 경류정慶流亭 종택이다. 흔히 주촌周村 종택, 세칭 '두루종택' 이라고도 하는 곳이다. 한말의 애국지사이자 학자인 유수각流水閣 이긍연李兢淵(1847-1925)의 손자 이용순李容純과 의성김씨 김규金奎 사이에서 태어났다.

큰언니는 봉화군 해저리海底里, 속칭 '바래미' 에 있는 의성김씨義城金氏 팔오헌八吾軒 김성구金聲久(1641-1707) 종가의 종부이다. 둘째 언니는 봉화 풍호豊湖의 구미당九未堂, 즉 안동김씨安東金氏 구전苟全 김중청金中淸(1567-1629) 종가의 종부이다.

1963년 12월 15일에 초간종가로 시집을 왔으니, 어언 50년의 세월이 흘렀다. 그 이후로 종부는 한 번도 객지로 나가 살림을 해 본 적이 없다. 종손과 함께 시어른들의 봉양과 종가의 행사, 살림살이를 책임져야 했기 때문이다.

종부가 처음 시집을 왔을 때 시댁의 형편은 곤궁하기 짝이 없었다고 한다. 친정에서의 넉넉한 살림과는 달리 고정적인 월 수입이 없는 집안의 살림을 이끌어 나가는 것은 여간 어려운 일이 아니었다. 게다가 종손이 막대한 자금을 탄광에 투자하였다가 실패하는 바람에 형편은 더욱 어려울 수밖에 없었다.

그럼에도 불구하고 백방으로 주선하고 절약하여 조상 모시고 손 접대하는 일에 대해서는 조금도 군색함을 보이지 않았다. 심지어 적선하는 집안은 반드시 후세에 경사가 있다는 선인들의 말을 항상 가슴에 새기고, 도움을 청하는 사람들에게 인정을 아끼지 않았다고 한다.

흔히 종부의 고달픔을 이야기할 때 봉제사, 접빈객을 들지만, 초간종부에게 있어서 그런 일은 오히려 사소한 일에 속했다. 예천에서 있었던 독립만세운동을 주도하다가 대구형무소에서 옥고를 치른 탓에 병치레가 잦았던 시조부로부터 시작해서, 중풍으로 몸져누운 시어머니, 뇌종양으로 쓰러져 여읜 셋째 아들에 이르기까지 계속해서 이어진 병구완은 수십 년 세월 동안 종부의 어깨를 짓눌렀다. 식사 봉양과 대소변 수발 때문에 동네잔치조차 마음 편하게 나가보지 못했다.

집성촌이라 모두가 일가친척인 이곳에서는 종부 덕에 이 집안이 이렇게나마 부지될 수 있었다고 고마워하면서, 종부로서만이 아니라 한 여인으로서의 삶에 대해서도 존경스러울 정도라고 입을 모은다. 친정 쪽에서도 이런 사실은 널리 알려져, 2004년에 진성이씨대종회眞城李氏大宗會에서 부도상婦道賞을 수여하였다. 그러나 종부는 이러한 평가에 대해 당연한 도리를 한 것일 뿐이라며 손을 내저었다.

고생스런 일이 어찌 없었겠으며, 회한이 어찌 없겠는가? 그러
나 그건 종부로서의 일반적인 애환이 아니라 한 가정의 특수
한 상황일 뿐이다. 그리고 저울대는 한쪽이 내려가면 다른 한
쪽이 올라가게 마련인 법. 나의 애환을 드러내려고 하면 할수
록 상대적으로 시어른들이나 남편, 자식에게 허물이 더해지게
될 것이니, 다 부질없는 일이 아니겠는가?

자식들도 종부의 이런 면이 전통적인 반가班家의 여인상이
라며 숙연해한다.

어른들의 가르침 중에서, "내 할 도리만 하면 된다. 사람인데,
왜 화가 나지 않겠으며, 왜 다른 생각이 없겠는가? 그렇더라도
자기가 할 도리를 하면, 후회할 일은 생기지 않는다."는 말씀이
다른 무엇보다도 가슴에 와 닿는다. 말로만 하는 가르침이 아
니라 실제로 그런 삶을 살아오셨기에, 더 실감을 한다. 저희 자
식들도 그렇게 해 보려고 하지만, 역시 실천하기가 쉽지 않다.

(구술자 권덕열)

초간종가의 경우, 명절 제사나 시제時祭를 제외하고도 기제

사만 12번을 지내는 집이었다. 특히 겨울에는 제사가 이어지다 보니, 종부는 몇 날 며칠을 잠도 못 자고 준비하는 경우가 많았다. 설 다음날 새벽에는 시어머니, 초이레 새벽에는 시조모의 제사가 있었다. 지금은 내부를 현대식으로 일부 개조했지만, 찬바람이 술술 들어오는 옛날식 정지[부엌]에서 아궁이에 불을 때서 대부분의 음식을 준비해야 했으니, 그 고초는 말로 하기 어려웠을 것이다.

그런데도 그에 대한 한탄을 하기보다는, 제사를 지내고 난 뒤에 밥을 솥에다 엎을 때, 밥덩이가 다시 돌아서 똑바로 서면, 조상께서 운감殞感을 했다고 기뻐하는 전형적인 종부의 모습을 보인다.

> 시대의 흐름을 거스를 수는 없지만, 그래도 큰제사 때마다 100
> 여 분이 넘는 제관祭官에 소 1마리, 돼지 2마리를 잡던 시절이
> 그립다.

종부는 슬하에 3남 1녀를 두었는데, 3남은 신병으로 먼저 세상을 떠났다. 장남 권덕열權德烈은 언론사의 임원으로 있다가, 현재 외국계 증권회사의 고문으로 재직 중이다. 차남 권경열權敬烈은 한국고전번역원韓國古典飜譯院에서 한문고전번역 및 후학 양성에 종사하고 있으며, 현재 출간된 번역서만 30종이 넘는다. 막내

종부가 안채 마루에서 시집간 딸 권재정에게 음식상 차림을 가르치고 있다.

딸 권재정權在淨은 봉화 닭실의 충재종가冲齋宗家로 시집가서 실질적인 종부 역할을 하며 친정어머니가 걸어왔던 길을 따라가고 있다.

종부는 자식들의 인성 교육에 대해서는 특별히 신경을 쓰지 않았다고 한다. 항상 큰집에 대해 남다른 정의를 보여주는 시숙부나 두 시숙들을 보고 배우는 것만으로도 충분하다고 여겼기 때문이다. 특히 종손의 동생인 권부영權富榮은 조카들을 서울로 데리고 가 대학 공부를 마칠 때까지 뒷바라지를 할 정도로 형에 대한 우애가 대단하다.

5. 전통과 시속時俗, 선택의 기로

현대에서 지켜나갈 종가의 전통이라고 하면 주로 범절과 학문, 상례, 제례가 그 대상이라고 할 수 있을 것이다. 그중에서 범절과 학문은 개인적이고 일상적인 문제이므로 시대 변화에 따른 문제를 고민할 일은 없다. 상례 역시 이미 장례식장으로 대변되는 문화가 널리 사회적 공감대를 형성하고 있어 특별히 문제될 것은 없다.

종가에서 가장 고민하는 것은 산소의 관리와 제사를 모시는 일, 유물을 관리하는 일이다. 산소가 이 산 저 산 봉우리 위쪽에 흩어져 있는데다, 자식들이 직장 생활 때문에 고향을 떠나 살면서 제대로 돌볼 수 있는 여건이 되지 못하기 때문이다.

종손은 최근에 큰 결단을 했다. 단설로 지내던 비위妣位의 제사를 지내지 않고, 고위考位의 기일忌日에 비위의 제사를 함께 모시기로 한 것이다. 제사를 줄이기 위해 처음에는 고대의 법도에 따라 양대봉사兩代奉祀를 하는 것을 고민했었다. 그러나 종부는 그 방식을 반대하였다.

> 모시던 제사를 갑자기 폐하고 매안埋安을 하면 조상께서 서운해 하시지 않겠는가? 차라리 4대 봉사는 그대로 두고, 비위의 제사를 줄이는 것이 좋겠다. 그래도 고위의 제사 때 함께 받아드실 수 있으니, 그나마 덜 죄스러울 것이다.

종부가 이런 결정을 내린 배경에는 시어른들에게 받았던 사랑도 큰 영향을 미쳤다고 한다. 그 의견이 더 정리情理에 부합한다고 생각한 종손도 흔쾌히 그 말을 따랐다고 한다.

2016년부터는 불천위 제사를 포함한 모든 기제의 거행 시간도 휘일諱日의 술시戌時(오후 7시-9시)에 지내는 것으로 변경할 예정이다. 이미 사당에 그런 내용으로 고유를 했고, 자손들에게도 선포를 하였다. 직장 생활에 바쁜 자손들의 일정을 생각하면 더 이상 새벽 제사를 고집할 수 없기 때문이다.

누구보다도 전통을 지키기 위해 노력했던 종손, 종부가 이처럼 과감하게 제사의 변혁變革을 결심하게 된 것은 선조들의 일기에 담긴 제례 관련 내용의 영향이 컸다.

> 선대로부터 내려오는 제도를 내 대에 와서 바꾸려고 하니, 얼마나 송구스럽겠는가? 그런데 선조들의 일기를 보면 지금 우리가 알고 있는 것처럼 엄격하기만 한 것이 아니라는 말이지. 죽소부군의 경우 누이의 시댁에 가서 아버지의 기제사를 지내기도 했다. 아무리 윤회봉사의 원칙에 따랐다고는 하지만, 요즘의 상식에 비추어보면 놀라울 정도로 유연한 사고였지. 그런 걸 보면서, 인시제의因時制宜, 즉 상황에 맞게 변화시키는 게 좋겠다고 결심을 하게 되었지.

유물의 관리도 큰 문제이다. 유물관에서 보관을 한다고 하여도, 도난, 화재, 충해蟲害 등의 위험은 상존하기 때문이었다. 아들들은 한국국학진흥원韓國國學振興院에 유물과 목판을 기탁하는 문제를 건의했다. 마침 목판木板의 세계문화유산 등재와 관련하여 해당 기관에서 기탁을 적극적으로 권하던 때였으므로, 금방 기탁이 이루어질 듯하였다.

그러나 종손은 예천에 향토문화박물관 건립 계획이 있다는 말을 듣고는 기탁 결정을 보류했다.

> 안전하고 관리 잘하기야 국학진흥원이 낫지만, 예천에 문화재

관련 시설이 들어선다고 하는데, 자료가 부족하면 안 되지 않느냐. 기왕이면 예천에 맡기는 것이 도리일 듯하다.

아들들도 그런 의사를 듣고는 더 이상 기탁 의견을 내지 않았다.

제사를 줄이는 문제도 그렇고, 유물을 기탁하는 문제도 그렇고, 어느 것 하나 어른들의 생각을 도저히 따라갈 수 없다는 것을 절실히 느꼈다. 이런 판단은 어릴 때부터 보고 자라면서 자연스럽게 몸에 배서 나오는 것이지, 책으로 배워서 될 일은 아니다.

(구술자 권덕열)

경상북도 차원에서 시행 중인 고택체험을 초간종가에서는 하지 않고 있다. 손님을 받으면 현대식 화장실 등 관련 시설을 마련해 주겠다는 좋은 조건이었다. 초간종가에서도 처음에는 현대인들에게 전통문화를 체험하게 할 수 있는 좋은 취지에서 시행하는 사업인지라, 그 제의를 받아들이려고 했다. 국가에서 공적으로 하는 사업이고, 안동 등 여타 지역에서도 많이 시행하고 있기 때문이기도 했다.

그러나 종손은 자식들과 상의 끝에 결국 그 제의에 응하지 않았다. 사랑채를 민박용으로 내 주어야 한다는 조건이 있어서였다.

> 이웃에서 숙박하고, 대청과 안마루에 와서 종손, 종부께 전통문화에 대해 듣는 것까지는 상관없지만, 종가의 상징인 사랑방을 남에게 내줄 수는 없는 노릇이지 않나. 제수용으로 매달아놓은 곶감까지 관광 온 기념으로 떼 달라고 하고, 사당 담장을 뛰어 넘어가는 것을 제지하면 내가 낸 세금 운운하는 세상이다. 온전한 손님들만 오라는 법도 없는데, 무슨 험한 일을 당하게 될지 어떻게 알겠는가?

하루가 다르게 변해가는 세상이다. 대가족 형태의 가정은 이미 해체된 지 오래되었다. 종가의 주인들은 과거와 현재를 모두 지켜보았지만, 그 자제들은 이미 현대적 생활에 더 익숙하다. 직장이나 교육 때문에 더 이상 고향에 있는 종가를 주된 주거 공간으로 사용하는 것조차 어려워졌다.

지금도 흔히들 전통을 지켜야 한다고 이야기하지만, 사실 엄격히 따져보면 과연 어느 것을 전통이라고 정해야 할 것인지도 명확하지 않다. 고려와 조선의 갓이 달랐고, 조선 전기의 한복과 조선 말기의 한복이 달랐다. 오늘날 우리가 알고 있는 전통문화의 상당수가 조선 말기에 형성된 것이라는 것은 부인할 수 없는 사실이다. 그렇다면 삼국, 고려, 조선으로 이어지는 전통 시대 중에서 도대체 어느 시대의 전통을 지켜야 하는 것인가?

그와 관련하여 송宋나라 때의 저명한 철학자 강절선생康節先生 소옹邵雍의, "나는 요즘 사람이기 때문에 요즘 사람의 옷과 요즘 사람의 모자를 쓸 뿐이다."라는 말은 많은 시사점을 던져준다. 무조건적으로 과거의 외형적인 것만을 지키려고 하기보다는, 그 정신을 계승하면서 시대의 흐름에 따라야 한다는 유연한 사고가 그 시대에도 이루어지고 있었다.

그렇다고 해서 쉽게 결정할 수 있는 일은 아니다. 직접 눈으로 보고, 온몸으로 지켜왔던 것들을 내려놓을 때의 아쉬움과 자신의 대에 와서 변혁을 이루어야 하는 데 따른 죄송스러움은 말로 표현하기 어려울 것이다. 전통문화 보존의 첨단에 서기를 바라는 사람들의 이기적인 시선이 엄연히 존재하는 시기이기에 결정은 더욱 힘든 일이다.

불과 20여 년 전까지만 해도 "오늘날 범절이 남아 있는 곳은 대수 권씨들뿐이다."라는 말을 듣던 대수마을도 변화의 추세를 받아들이기 위해 고민하고 있다. 그런 흐름 속에서 초간종가의 주인들은 조심스레 제례 방식의 변경과 같은 중요한 결정들을 내렸다. 중지를 모아 고뇌 끝에 얻은 결정이지만, 과연 최선의 선택일지는 누구도 알 수 없다. 그러나 그들이 어떤 결정을 내리든, 그것은 후대에 가서 또 다른 전통이 되어 있을 것이다.

참고문헌

權文海,『초간집草澗集』.

_____,『초간일기草澗日記』.

權鼈,『죽소일기竹所日記』.

權應鐸,『송서유고松西遺稿』.

權顯相,『대소재집大疎齋集』.

權胄煥,『금서유고琴棲遺稿』.

권문해 저, 장재석 외 2명 역,『국역 초간일기』, 한국국학진흥원, 2012.

권별 저, 장재석 역,『국역 죽소부군일기』, 한국국학진흥원, 2012.

안동대학교 안동문화연구소,『예천 금당실 맛질 마을』, 예문서원, 2004.

옥영정 외 5명,『조선의 백과사전』, 한국학중앙연구원, 2009.

한국학중앙연구원 장서각,『예천 맛질 朴氏家 日記 7-日記篇』, 한국학중
    앙연구원 출판부, 2012.

김윤정,「16~17세기 예천권씨가醴泉權氏家의 친족관계와 의례생활 :『초
    간일기』와『죽소부군일기』를 중심으로」, 민속학연구, 2015.

김이겸,「대동운부군옥의 편찬 및 판각경위에 관한 고찰」,『서지학연구』
    10, 서지학회, 1994.

박인호,「해동잡록에 나타난 권별의 역사인식」,『한국의 철학』52, 경북대
    학교퇴계연구소, 2013.

송희준,「『주자서절요』와『대동운부군옥』의 비교 고찰」,『남명학연구』
    17, 경상대학교 남명학연구소, 2004.

임형택,「『大東韻府群玉』의 역사적 기원과 위상」,『한국한문학연구』32,
    한국한문학회, 2003.

정긍식,「16세기 재산상속의 한 실례 -1579년 권지 처 정씨 허여문기의 분
    석-」,『서울대학교법학』47권 4호, 서울대학교 법학연구소, 2006.

정순우 · 권경렬, 「초간일기의 자료적 성격과 의미」, 『초간일기』, 한국정
신문화연구원, 1997.